KOREAN RECIPES

正韓小菜

五星韓廚的道地韓國小菜！
從開胃泡菜到麻藥雞蛋，
65道零失敗偷飯料理

같이 만들어 요!
내가 가장 좋아하는 반찬을

孫榮
Kai Son / 著

第一本「韓國小菜」專書！
跟著五星韓廚一起走入家庭廚房，
獻上韓國人最愛的多元「小菜」

2021
10

韓國人都是「小菜人」

說到「韓國料理」大家多半想到的是「烤肉、蔘雞湯、炸雞、泡菜鍋」等等的主菜。這些食物雖然令人垂涎三尺又令人懷念，但作為韓國人，存放在味蕾最深處的家鄉味記憶，肯定是以「泡菜」為首的諸多小菜。

它們刻印於韓國大眾日常飲食的每一頁，不需要誰的生日、有客人來、發薪水等任何慶祝藉口，總是陪伴我們度過人生中大大小小的酸甜苦辣；體現著每個韓國人的柴米油鹽醬醋茶。嗯，如果英國諺語「人如其食」為真，韓國人肯定就是「小菜（반찬）人」。

這本由我的好哥哥孫榮師傅（我們真的沒有血緣關係 yo）撰寫的《正韓小菜》絕對是你窺視韓國人真正風俗民情的趣味窗口。

胃酸人

資深韓文老師 / YouTuber

耗費漫長心力的一本小菜專書

寫這本書的過程中，我們在繁瑣的溝通對話中了解到生活與飲食文化的不同，還有每個國家對於吃的堅持。

例如說，很多人問 Kai 這道小菜可以怎麼變化？如果沒有韓國的大醬，不能換日本味噌嗎？Kai 的回答會是：「沒有其他的變化，小菜就是小菜，有些小菜就是單獨吃，不會拿來炒，不會拿來包。」

而我總是會再多問一句：「為什麼不行？Why ？」

Kai 就會說：「牛肉麵裡面的牛肉你會特別拿出來變成另外一道炒牛肉嗎？好像不會吧？有些醬料也是不能動的，動了就失去應該有的味道。」這樣子的對話每天有幾十遍。

除此之外，還有很多翻譯上面的困難。因為有些韓國的字台灣並沒有，或是說法釋義根本不同，所以我們往往要用英文反覆仔細溝通，才有辦法詮釋 Kai 真正要說的故事。

很多小菜的故事對於 Kai 來說也沒有值得寫下的動機，因為對他來說很平常。但是當他講出來之後就會發現，這些生活與飲食文化的不同，對於在台灣的我們來說，絕對是值得一聽的。也因為這樣，必須要常常訪問他、詢問他、記下他，把他對於韓國料理的記憶挖掘出來，才能夠寫下一些平常他不會說出口的故事。

從來沒有想過完成了《正韓食》這本這麼有質感的書之後，還能夠寫出第二本集結這麼多精彩故事的韓國小菜書籍……怎麼說起來好像我是作者一樣。經過半年的翻譯流程加上撰寫修改，自己好像已經慢慢變成師傅的化身。

每本書都像是很多人的小孩一樣，需要經過編排設計與翻譯，加上 Kai 的經驗與料理專長，才能夠成就這本書。所以每當被大家說什麼時候還會有第二本書的時候，我們整個團隊都要一起深呼吸，告訴你 Kai 的食譜是寫不完的，而且速度很快。但是一路下去從起跑到終點印刷，可是漫長耗心力耗體力的功課啊～～

而我呢，一直是不想要露出的幕後工作人員，為什麼呢？因為光是忙 Kai 的事情就已經很忙碌，不想要自己出去吃飯的時候，也會被問 Kai 在哪裡？每天都是跟他有關係，還是想要有自己的些許時間。Kai 是一個很有才華的人，我只希望能幫他將他所累積的經驗傳予喜歡他的人，因此這幾年跟著所有幫助他的人，一起做出不少好成績。如果你是一路關注 Kai 的人，一定可以感受到他的進步與看到不少他的成就。

感謝大家對 Kai 的支持與肯定，當然還有收藏了這本書。

如果你認識我的話，안녕하세요～～我是 Kai 的老婆妙麗 ^^

妙麗

作 者 序

一起來了解韓國的小菜文化吧

韓國小菜的多元與數量，是很多外國人到韓國吃飯時記憶最深刻的地方。小菜在韓國人的餐桌上佔有很大的比例，在韓國的飲食文化中，小菜會跟主菜一起配著吃，包著吃，所以繼正韓食，一本以主食為主軸的著作之後，我最想寫的內容就是韓式小菜了。

最常聽到別人問我的問題就是，師傅，韓國的小菜是吃到飽嗎？基本上沒有錯，一般店家都會免費補小菜，如果客人需要。但是我們不太會用「吃到飽」的說法，因為小菜是搭配主食的餐點，不是單獨一直吃，只會拿取需要的量，而且主食主菜基本上都會吃完，所以也不需要一直續小菜。也常常有人問我，師傅喜歡哪一個牌子的泡菜？與其這樣問我，也許你問我喜歡哪一個地區的泡菜，會得到比較確切的答案，了解我愛吃的口味。因為除了品牌之外，韓國每個地區的泡菜口味做法都有些許不同。從一家餐廳的小菜，也可以看得出來好不好吃和價錢，基本上如果小菜道數越多，套餐就越貴。許多餐廳也是用小菜的種類與難易度，來做出與其他店家的區隔。

很多人對於泡菜（辛奇，Kimchi）有誤解，認為只有傳統發酵的泡菜才叫做 Kimchi。但其實 Kimchi 有非常多的種類，所以這次我也特別分類出需要發酵以及不需要發酵的作法。另外，因為我發現有很多朋友想要更了解韓食的文化，對於 Kimchi 也有很多好奇的地方，所以我把很多關於韓食的故事、Kimchi 的製作、發酵理論，都拿出來在書中和大家探討與說明。這也可以用來解釋為什麼泡菜食譜裡有些食材不能少，而有些調整也沒有關係，不會影響發酵。

大家的印象裡面，韓國菜基本上都是有辣的，或是重口味的。但其實小菜很多都沒有辣，因為要能夠搭配辣的主食或是不辣的湯品，基本上不能太過於搶味，才能輔助主菜主食的味道。韓國小菜很多都是蔬食加上韓式調味來變化，只要用韓式的基本醬料，就能做出很多不一樣的小菜。

經營了 YouTube 頻道一陣子後，發現大家常問我的問題除了食譜外，就是做好的菜可以放幾天？所以我也把保存時間、建議吃法（冷吃還是熱吃）加以標註。同時已經在台灣生活一段時間的我，也在食譜上微微調整，除了使用當地買得到的食材來做之外，辣度和鹹度也有些許調整，比較適合台灣人的口味，喜歡辣的朋友可以再自己增加辣粉與辣椒。

韓式小菜能做的款式太多，一本書也沒辦法寫完，所以這一本主要是教大家最經典、最常見、最簡單的小菜。有一些手工比較複雜，難度比較高，或是食材難取得的就沒有放入，尤其有些山菜野菜類的小菜，沒有當地的食材與調味料，很難完全

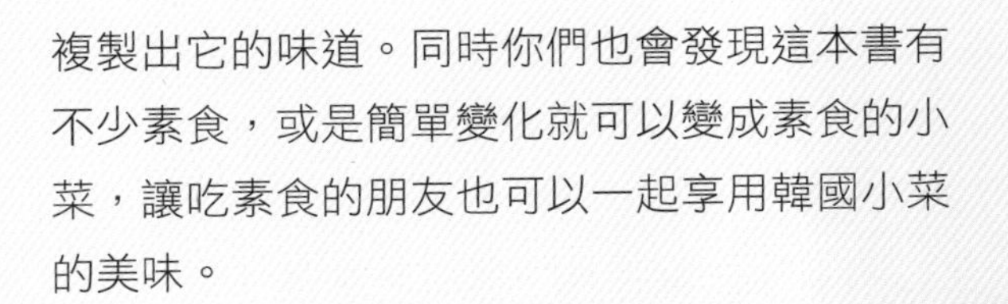

複製出它的味道。同時你們也會發現這本書有不少素食，或是簡單變化就可以變成素食的小菜，讓吃素食的朋友也可以一起享用韓國小菜的美味。

這本書是韓式小菜的一個啟航，希望將來可以再挑戰一本難度更高的小菜給大家， 能為粉絲帶來不一樣的看法，繼續為推廣韓食盡一份心力，讓大家更了解韓國的飲食文化，更喜愛韓國美食，還能動手做給身邊的親朋好友。

很開心能夠完成這本書，提供給愛韓食的你們多一點想法。在冰箱裡準備很多常備小菜，隨時想吃就上桌，也能夠為每天的飲食帶來更多營養價值高的蔬菜。

最後這本書要感謝妙麗與家人的支持與詮釋，不然我可能只能提供食譜內容，少了很多故事與畫面的呈現。也希望將來的某天，兒子可以用我的食譜，幫我做幾道小菜，給我搭配著美味現煮的白飯與主食吃。

행복하세요!

目　錄

推薦序 韓國人都是「小菜人」 / 胃酸人 002

推薦序 耗費漫長心力的一本小菜專書 / 妙麗 002

作者序 一起來了解韓國的小菜文化吧 004

CHAPTER 1
韓國人不能沒有小菜

韓國特有的小菜文化 012

餐桌上的小菜規則 014

讓料理昇華的小菜吃法 016

韓國人的辛奇字典（泡菜） 018

- 韓國人不能沒有泡菜 018
- 不同地區的泡菜特色 020
- 製作泡菜的重要食材 022
- 泡菜好吃的祕密 024
- 泡菜發酵的注意事項 024
- 跟著 KAI 一起做泡菜吧！ 026

CHAPTER 2
一起來做韓國小菜吧

小菜最常用的烹調方式 030

韓國常用的特色食材 & 調味料 034

主廚推薦！韓國人最愛的小菜組合 046

- 燒肉小菜 048
- 配粥小菜 049
- 配麵小菜 050
- 蔬食小菜 052
- 常備小菜 053
- 便當小菜 054

CHAPTER 3
泡菜（快速泡菜 / 發酵泡菜）

白菜泡菜　058

白蘿蔔塊泡菜　062

細蔥泡菜　066

蘿蔔絲泡菜　070

生拌蔥絲泡菜　072

白菜水泡菜　074

蘿蔔水泡菜　078

| **專欄** | 大白菜的不同切法　080

| **專欄** | 白蘿蔔的不同切法　082

| **專欄** | 蔥的不同切法　084

CHAPTER 4
醃製小菜

醬油芝麻葉 / 辣芝麻葉　088

| **專欄** | 芝麻葉飯捲　092

糖醋醃大蒜　094

醬漬鮮菇　096

大醬糯米椒　098

青蔥卷　100

辣拌蒜苗　104

醬漬白蘿蔔　106

韓式黃蘿蔔　108

柚子蘿蔔　110

醬蟹　114

目　錄

CHAPTER 5
涼拌小菜

大醬青蔬　120
辣拌小黃瓜　122
涼拌海苔　124
芝麻醬鴻喜菇　126
豆腐拌菠菜　128
芥末豆芽菜　130
涼拌茄子　132
芝麻醬蕨菜　134
涼拌炒蘿蔔絲　136
辣拌花枝　138
韓式沙拉蝦　142
芝麻生菜沙拉　146
馬鈴薯沙拉　148
南瓜泥沙拉　150

CHAPTER 6
炒類小菜

炒時蔬雜菜　154
醬油炒魚板 / 辣炒魚板　156
鮪魚炒泡菜　158
鯷魚乾炒糯米椒　160
豬肉片炒綠豆芽　162
魩仔魚炒堅果　163
櫻花蝦炒牛蒡　164
櫻花蝦炒蒜苗　168
蝦醬炒櫛瓜　170
牛肉末炒黃瓜　172

CHAPTER 7
煎炸小菜

綜合煎餅盤 176
牛肉蓮藕餅 182
牛肉年糕捲 184
大醬煎鯖魚 186
海苔煎蛋捲 188
辣醬五花肉 192
洋釀無骨雞塊 196
韓式煎豆腐 200
| 專欄 | 豆腐的不同切法 202

CHAPTER 8
燉煮小菜

麻藥雞蛋 206
醬煮鵪鶉蛋馬鈴薯 212
醬煮牛肉 216
豬肉燉馬鈴薯 218
醬煮秋刀魚 224
鯷魚燒豆腐 226
牛蒡醬燒花生 228
醬煮黑豆 230
辣燉雞腳 232
醬燒蓮藕 234
醬煮南瓜 235

CHAPTER 9
清蒸小菜

辣味清蒸糯米椒 238
牛絞肉蒸茄子 240
韓式造型蒸蛋 244
辣醬蒸蛤蜊 246

CHAPTER 1

韓國人 不能沒有小菜

한국 사람 반찬 없으면 안돼요!

韓國特有的小菜文化

第一次踏進韓國餐廳的人通常會很驚訝，因為在韓國，店家總是會給予很多小碟小碟的菜色，伴隨著飯與主食一起食用，這種一小碟一小碟的菜，我們稱之為「반찬」（banchan）。而那些搭配飯食用，放在冰箱裡頭可以冷著吃的常備小菜則稱為「밑반찬」（Mitbanchan）。不過在中文裡，都被翻譯成「小菜」。

小菜文化可以說是韓國飲食的一個重要特色，其他國家看不到，而且從古代就有了。以前還有「什麼階級的人吃幾道菜」、「吃的順序和搭配方式」之類的嚴格規定，甚至有些習慣也一直保留到現在。韓國小菜不是只有餐廳看得到，平常韓國人家裡吃飯也一定有幾道小菜搭配。

為什麼會有小菜？

很久以前韓國是農業社會，所以也跟台灣一樣，對於韓國人來說，牛是神聖的動物，牠們幫助農民耕田，所以很多人不吃牛。而且以前不是大家都吃得起豬肉，加上韓國冬天非常寒冷，要把蔬菜保存下來很不容易，能夠運用的食材不是那麼多。

但是韓國人相信「藥食同源」的理論，覺得每餐的食物要多元，講求不同的食材是為了帶給身體不同的營養元素，維持人體健康，所以努力用了很多的方式來研究怎麼樣把蔬菜保存下來，並做成可以跟米飯搭配的食物，也就是所謂的「小菜」。大家常常聽到跟炸雞一起出現的「洋釀（약념，藥念）」的意思，其實就是藥食的理念，表示調味後可以讓菜具有更高的營養價值，但現在這個字已經變成一種調味醬的種類，是不是很有趣？

小菜有多少種類？

韓國有三面靠海而且非常多的山，山上有各式各樣的蔬菜，還有很多葉菜是熱帶國家沒有的。在蔬菜收成的季節，或者是要變得寒冷的時候，韓國人就會開始把一些盛產的蔬菜乾燥起來或是醃成泡菜，像是白菜泡菜、辣蘿蔔，還有醃漬大蒜與洋蔥這些，讓蔬菜能夠保存得更久。

也因為這樣，韓國小菜的種類非常多，至少也有一百種不一樣的小菜會在韓國的餐桌上替換著出現，很難去定義或分類它。它並不是一個主食，通常不用加熱就可以吃，而且涼著吃也非常好吃。

如果一定要分類的話，我覺得**不包含長時間醃製的各種泡菜，主要大概有三種，一種是「나물」（Namul），指涼拌的野菜或是其他涼拌小菜。還有「장아찌」（Jang-ajji），也就是醃漬過後的根莖類。最後是炒過的小魚乾類「마른반찬」（Maleun banchan）小菜。**這三種是韓國人冰箱內基本上會有的小菜。

餐桌上的小菜規則

韓國人吃飯通常都會有飯、湯、泡菜以及小菜（泡菜不算在小菜裡面）。傳統的話，除了宮廷會吃到 12 道小菜，其他人的小菜都是 3、5、7、9 道來呈現，因為單數屬於陽，雙數屬於陰，韓國在飲食上很重視陰陽的理論，吃的東西要屬陽性，對身體好，所以小菜都是單數。

在很久以前，吃多少小菜也可以看出來階級制度。如果是一般的老百姓，基本上不會吃超過 7 種以上的小菜，就算有錢也不會，是不允許的。相較之下，高階官員或者王族就會有 9 道或 12 道小菜，小菜道數越多，代表身份階級越高。

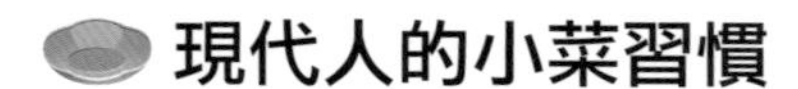

現代人的小菜習慣

在現在的話，平常韓國家裡吃飯基本是 3 個小菜搭配主菜。在外面餐廳吃飯多付一點點錢，大概會有 5 個小菜，稍微昂貴一點的有 7 到 9 個小菜。如果是宮廷宴，那就至少會有 12 道不一樣的小菜，然後搭配不一樣的主食來呈現，而且會是比較講究手工的精緻小菜。

一般來講，韓國人的一餐會有 **70%** 的菜是已經先備好的，**30%** 是現做的。所以說你可以看到，通常一個餐桌上一到兩個主菜，主菜會是肉類或是海鮮，然後一個湯，配 3 到 5 種不一樣的小菜，這個是最基本的菜色組合。

當然如果在餐廳吃飯，不一樣的價位有不一樣的配法，通常會更多元，或是有一些特別的小菜來吸引客人。不過一般人在家裡的話大概就是這樣，如果想要更簡單地吃，也有可能是海鮮煎餅或辣炒年糕這種重口味的主食，搭配一兩個小菜來食用。

餐廳裡的「小菜吃到飽」!?

在韓國還有一個跟別的國家不一樣的地方，就是大多餐廳都會幫客人重新免費補小菜，但是韓國人基本上不會叫店家一直補，因為他們都會等到主菜來了後再跟小菜一起吃，而且主菜主食會全部吃完，小菜只是搭配著吃而已，並不是拿來吃到飽的菜色。

但如果是在韓國以外的韓國餐廳，就比較不會有這樣子無限量加了。因為韓國菜此時變成進口菜色，成本比較高，如果要免費提供小菜的話就會比較貴。有些店家可能有幾樣便宜的小菜可以補，但進口的食材或者比較手工的小菜就不會免費提供。

以前我在日本跟日本朋友吃韓國料理的時候，也遇過店家詢問今天要搭配幾道小菜的套餐？如果選擇比較多小菜的，價格當然就比較高，可是他們不會告訴你今天的小菜有什麼。當時我朋友就很難理解為什麼他要付昂貴的價格，卻不知道小菜的內容是什麼？這在日本人眼中是很奇怪的事，但對韓國人來說，不同小菜跟不同主食的配法是傳統韓食的重要原則，也是韓國和其他國家很不一樣的地方，是一個有趣的文化差異。

讓料理昇華的小菜吃法

對於我來說，韓國的飲食習慣跟很多國家都不太一樣，幾乎沒有哪個國家像韓國的餐桌，是有這麼多小菜的。

有一些國家的確也是會有小菜，像是台灣。台灣的小菜有點像開胃菜，台灣人會先將小菜食用過一輪之後，等待主菜上桌，或者是在主菜有點吃膩想要轉換匚味的時候，搭配一點涼菜。

日本也有小菜，但比較像是把主菜分成小碟小碟，每一個小菜其實都是單獨食用的，而且都有它特別的味道，不會混合著主食一起吃。

韓國的話就不太一樣，韓國人是先嚐一點小菜之後，等待白飯，等待主菜，再搭配著小菜一起食用。我們把小菜當成是能夠幫助白飯跟主菜味道融合的一種菜色，是為了讓主菜更好吃，而不是單獨一盤一盤的開胃菜。

小菜的搭配原則

因為韓國人吃小菜不是用來開胃，而是和主菜一起搭配著吃的，所以也會隨著主菜而有所變化。例如最常看到的炸雞配醃蘿蔔，如果是烤肉就會配蒜仁或者是洋蔥類的小菜。

韓國的小菜怎麼樣跟主食、主菜一同呈現，其中有很多需要考慮的因素。首先，小菜是搭配著吃的配菜，所以不能夠搶了原本主菜的味道。再來，就是它必須能夠讓主菜的味道更好，提升主菜的特色，這才是小菜最主要存在的原因。

不同料理的搭配方式

在外面吃飯的時候，價位當然也會影響到小菜的多元與數量。越貴的套餐，基本上會附比較多的小菜，因為他們的主食味道比較多，所以會需要不一樣的小菜來搭配。便宜的餐點味道比較單一，配 3 個小菜一同食用已經是足夠的。

例如我們吃麵配菜就不會很多，特別是吃湯麵的時候，因為本身麵裡頭就已經有湯水，所以也不用再特別附贈一個湯。而且因為麵的味道很單一，配的小菜口味不適合太過於複雜，不然味道不平衡。因此，如果你在韓國吃麵食類，大概都是配比較基本的小菜，像是泡菜，一些醃漬的菜或根莖類。

如果點的是烤肉類餐點，你們會發現搭配的小菜裡面，不會再有一些炒肉或是煙燻等味道過於強的小菜，主食就已經是肉了，所以也不用再提供肉類的小菜，而是以醃漬蔬菜或者清爽的生菜、蒜片、快速泡菜之類的為主，包著食用。

韓國人的辛奇字典（泡菜）

韓文裡面我們說的「김치（Kimchi）」，中文比較常看到的翻譯是「泡菜」或者是「韓式泡菜」，這幾年為了跟其他國家的泡菜區隔，韓國觀光部開始推廣「辛奇」這個翻譯方式，發音跟韓文比較接近，「辛」也有泡菜辣度的意思。不過這個名稱大家還不太熟悉，所以在這本書裡我們還是先稱為「泡菜」。

在韓國人的餐桌上，泡菜是絕對不可以少的，是韓國飲食文化裡面一個重要的靈魂，甚至它也不會被算在每餐的小菜道數裡面，而是自己獨立出來。在我的第一本書《正韓食》裡面也有教大家泡菜的作法，但還是很多人想了解更多關於韓國泡菜的問題，所以我在這本書裡會講得更詳細一點。

韓國人不能沒有泡菜

很久以前，韓國冷藏方式與冰箱並不發達，寒冷的時候食材更是取得不易，所以韓國人會將蔬菜乾燥或者是醃漬成不一樣的小菜，才能夠在冬天的時候攝取足夠的營養與維他命，同時也吃得到不一樣的蔬菜。我們統稱為「김치（Kimchi）」，也就是醃漬製成的蔬菜。

泡菜是韓國相當具有代表性的食物，大概有一百種不一樣的泡菜，有些是辣的，有些不辣，有些還會加上海鮮來幫助發酵，每一個區域生產出來的泡菜都有點不一樣。

而其中最主要的就是大白菜製作出來的泡菜，還有辣蘿蔔泡菜、水泡菜，這三種是在韓國常見的泡菜種類，幾乎每個人家裡都有。

每年的10月跟12月，韓國人會聚集在一起做醃漬泡菜，韓國人把這個儀式感的活動叫做「김장（Gimjang）」，有點像台灣過端午節要一次做大量的粽子一樣，必須趕緊利用這段時間製作大量的泡菜，以便冬天時期食用。從統計的數字來看，韓國每個人一年至少吃掉十幾二十幾公斤的泡菜。

不同地區的泡菜特色

韓國泡菜不只種類很多，就算一樣是傳統大白菜泡菜，也會有很多不一樣口味，因為各地使用不一樣的食材，氣候也不一樣。

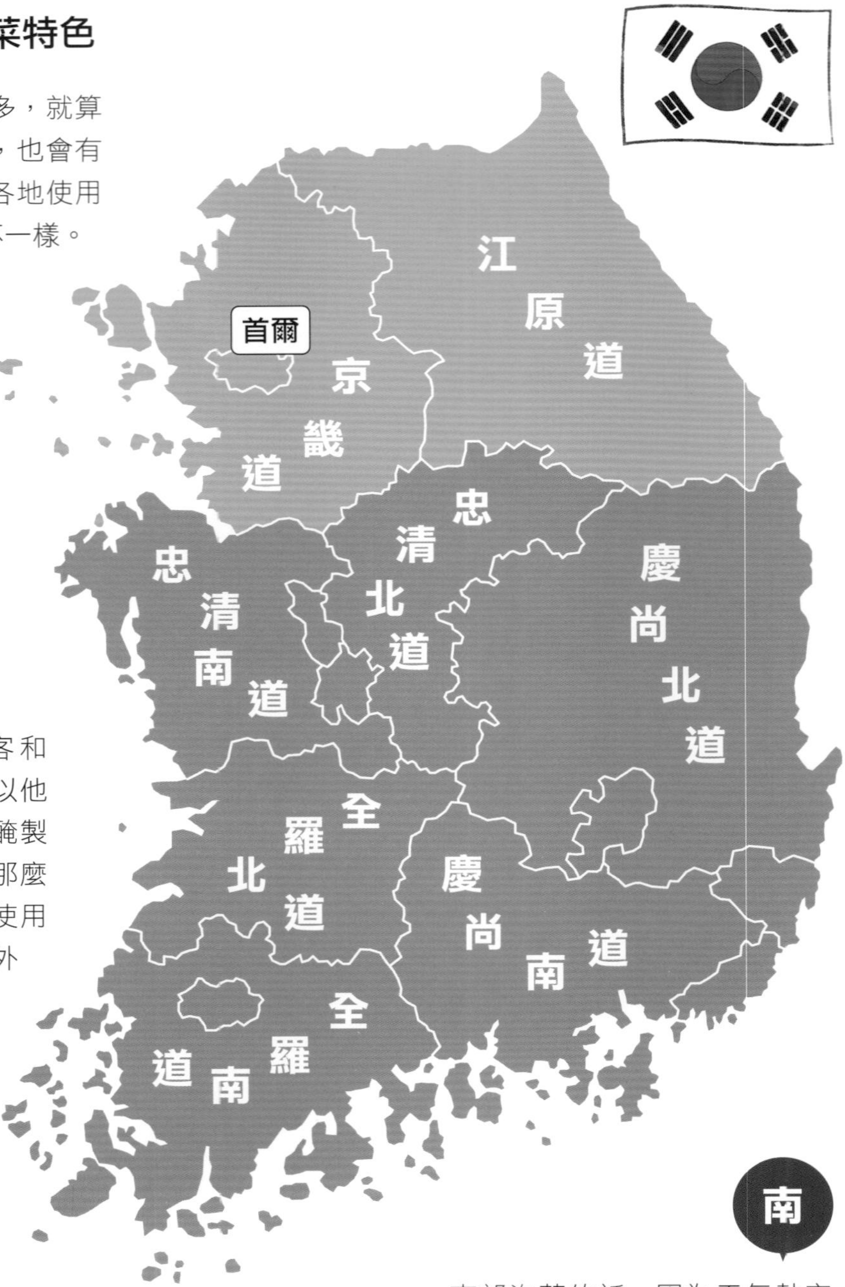

北

北部天氣很冷，蔬菜不容易腐敗，所以使用比較少的鹽巴、辣椒與魚露，泡菜的口味比較接近原味而且清淡。

像是首爾，因為旅客和來往的外國人很多，所以他們為了符合國際口味，醃製的泡菜不會像其他區域那麼鹹，比較清淡，魚露的使用也比較少，對於旅客跟外國人來說容易適應。也因為首爾有很多昂貴跟品質好的食材聚集，他們會用比較高級的材料來製作泡菜。

南

南部泡菜的話，因為天氣熱容易發酵跟壞掉，會加很多的鹽巴來避免蔬菜腐敗。雖然現在大家都已經有很好的冷藏設備了，口味不用像過去那麼鹹，但還是比較重一點。例如光州的泡菜就是重口味，而且因為靠海，當地居民有比較多新鮮的海鮮，也會加入泡菜裡面增加鮮味。我自己的話，是很喜歡南部的泡菜口味。

代表性的特色泡菜

首爾 北

北部首爾地區的「보쌈김치（Bossam Kimchi）」是很具代表性的泡菜，會在大白菜泡菜裡面用包覆的手法加入很多特別的食材，以前這樣子的泡菜是給王吃的，所以用的是一般傳統泡菜不會看到的高級食材，例如生蠔、香菇、銀杏、栗子，甚至是紅棗都有可能在這個泡菜裡面看到，呈現的擺盤方式通常也比較華麗。

忠清道 南

忠清道的泡菜之中，我想要介紹的是南瓜泡菜，韓文稱為「호박김치（Hobak Kimchi）」。這種泡菜是用薄切的大南瓜，還有大白菜為主要的食材，泡菜做完之後可以直接吃，但是當地的人喜歡等到發酵完後做成湯品，非常美味。

全羅道 南

這地區有一款很知名的芥末葉泡菜，稱為「갓김치（Gas Kimchi）」，也會加入當地特產的魚露來製作。韓國有非常多不一樣的葉菜類，有些東西台灣沒有，或者是有但品種不太一樣，這個泡菜本身葉子就具有天然的辣味。

江原道 北

區域代表性泡菜中，我會先想到的就是江原道地區的「가자미식혜（Gajami Sikhye）」，雖然韓文和甜點的米湯一樣，但它是一種海鮮基底的泡菜。裡頭的蔬菜並沒有那麼多，而是用比目魚或花枝製作，跟我們一般吃的大白菜泡菜非常不一樣。我的家鄉離江原道很近，所以這也是我小時候家裡的人常常製作的泡菜。

慶尚道 南

慶尚道的「우엉김치（Ueong Kimchi）」是用牛蒡跟大白菜做成的泡菜，裡頭會加玉米糖漿或者是糖來讓泡菜更甜美，所以比傳統泡菜稍微再甜一些。

製作泡菜的重要食材

製作泡菜的時候，食材是非常重要的。常常有人問我說，在做泡菜的食材裡頭可不可以省略掉白蘿蔔，可不可以省略掉糯米漿，或者是說可不可以省略掉魚露？但這些食材其實都是幫助發酵必須要有的東西，少了其中一樣的話，可能就會影響到泡菜的風味、發酵的速度。每個食材都有它們負責的功能，大家一起合作才會發酵成功，做出好吃的泡菜 yo。

【白蘿蔔】

白蘿蔔裡頭含有豐富的胺基酸，是促進泡菜發酵的其中一個要件，如果沒有白蘿蔔的話，發酵速度就會變得很慢。

【大白菜】

大白菜是泡菜的主要食材，平常我們是使用韓國大白菜，但是在台灣比較多山東大白菜。韓國的大白菜比較甜與脆，但是山東大白菜容易取得，價格也相對便宜，兩者用來製作泡菜都是可以的。

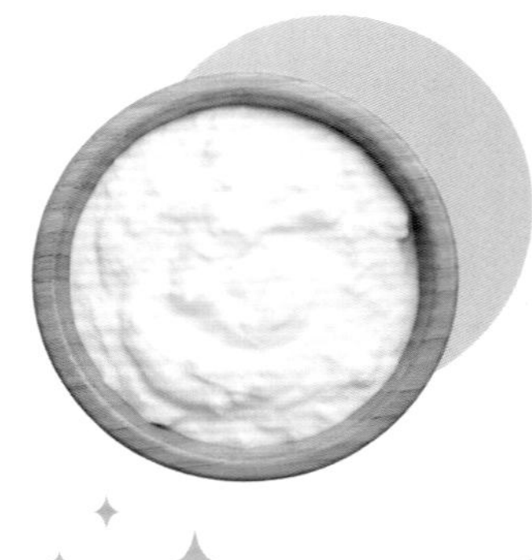

【米漿】

米漿也是幫助發酵的元素，可以讓蔬菜增加溼度，而且也會成為乳酸菌的食物，進而產生酸度。

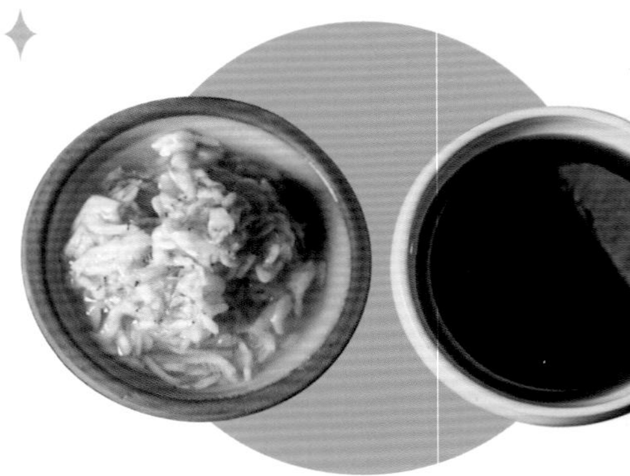

【魚露＆生蝦醬】

魚露跟生蝦醬有很高的胺基酸，也是乳酸菌的食物，如果魚露或生蝦醬減少，發酵就不容易成功，且經過時間的熟成，會釋放出鹹味、鮮味、甘甜味。韓國魚露是專門拿來做小菜還有醃漬泡菜的，不可以用泰國的魚露，泰國魚露已經有煮過，兩種的味道和使用方式不一樣。

【辣椒粉】

辣椒粉在泡菜的製程中是負責調味，韓國辣椒粉有分細的與粗的，辣度沒有像台灣辣椒粉那麼辣。做泡菜的時候粗細兩種都會用到，要依照食譜比例調配，味道才會平衡。

【大蒜】

大蒜有很厲害的殺菌作用，可以延長泡菜的保存，增進風味與香氣。

【海鹽】

海鹽的殺菌效果很強，可以增加泡菜的保存時間。以前韓國還沒有辣椒的時候，早期的泡菜就是指用鹽漬製成的水泡菜。

【薑】 可以在泡菜的製程中減低或者去除掉不好的細菌。

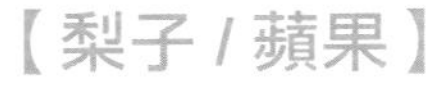

【梨子 / 蘋果】

依照個人喜好加入蘋果泥或者是水梨泥，功用是增加甜度，也有助於發酵。

泡菜好吃的祕密

泡菜的製作流程中，要先經過一個重要的「鹽漬」程序，因為蔬菜裡面會有很多水分，水分裡面有菜的生、澀之類不好的味道，必須先用鹽讓它們排乾淨後，才能加上其他食材去醃漬。

另外泡菜還有一個最主要的秘密，就是「發酵」。如果你有在發酵前先試過味道的話，就會發現還沒發酵的泡菜其實是沒有酸度的，而且也沒有鮮甜的味道。這就是為什麼發酵非常重要，因為它會產生乳酸，而乳酸菌會把酸度帶出來，同時也讓鮮味跟口感隨著時間而不同。

像這樣經過天然發酵，含有很多乳酸菌的蔬菜，是對身體很好的，也因此韓國泡菜被列入世界五大最健康的食品之一，跟其他發酵的食品像是納豆、優酪乳一樣健康。

泡菜發酵的注意事項

當食材都已經準備好，就可以放進罐子或者是容器內，準備開始發酵了。容器內盡量不要有任何的空氣，可以在上面鋪保鮮膜後貼平，把空氣壓出來。容器裡面有空氣的話，泡菜很容易在發酵的過程中壞掉。

接著就可以靜置發酵。發酵的時候不可以直射陽光，要放在通風陰涼的地方，才能夠增進乳酸菌的產生。夏天大概要放 **6** 到 **8** 個小時，冬天的時候是 **10** 到 **12** 個小時左右。

當你發現泡菜裡面已經有微微細小的氣泡慢慢冒出時，就代表發酵已經成功了，可以把它放進冰箱裡面繼續發酵。如果放 24 個小時都沒有產生小氣泡，也許是因為天氣太過寒冷，或者你在食材上面可能做了一些變動，造成發酵的速度變慢。不管如何，**24** 小時內都應該把泡菜放進去冰箱裡進行微發酵。

泡菜發酵日記

進冰箱後的發酵天數和口味變化

第 1 天、第 2 天

味道非常的辣，
吃起來幾乎還是像生菜一樣，
會有菜的味道，而且沒有酸度。

第 3 天 ～ 第 5 天

酸度漸漸出來，
而且也有鮮甜的味道，
可以開始食用，味道已經很不錯。

10 天 ～ 15 天

泡菜已經有非常明顯的酸度
還有發酵的口感，
我覺得這是泡菜味道最好的時期。

15 天 ～ 20 天

泡菜進入熟成期，
酸度非常快地在飆高，
會變得非常軟，裡面有很多乳酸菌。

30 天

這時候的泡菜，
也就是韓國人所謂的老泡菜，
味道非常酸，通常會拿來用炒的
或者是燉湯。

Kai's Recipe 김치泡菜

跟著Kai一起做菜吧!

這邊我也附上了比較趣味方式的傳統泡菜食譜，希望讓大家更容易記住如何做傳統泡菜。
多做幾次實驗，依照自己家裡的溫度和使用的食材來做調整，一定可以成功，希望大家試試看 yo。

主材料

배추 大白菜
6kg / 約 2 - 3 顆

鹽水

물 水
1000g

소금 海鹽
100g

설탕 砂糖
30g

米漿（糯米糊）

or

물
水
500g

찹쌀 가루
糯米粉
50g

밥
飯
（也可取熱飯打碎使用並不需煮）

醃料

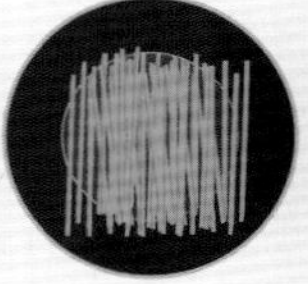

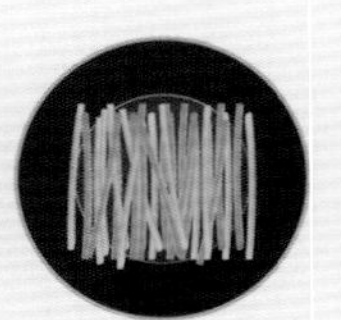

무
白蘿蔔絲
100g

당근
紅蘿蔔絲
50g

파
青蔥絲
50g

醃漬醬料

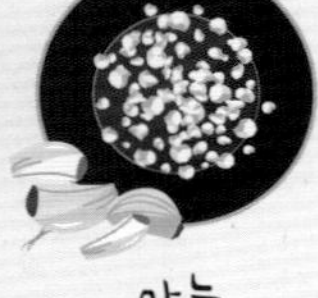

무

파

새우 젓갈

굵은 고춧가루

배

설탕

고운 고춧가루

액젓

생강

마늘

양파

白蘿蔔 200g
青蔥段 6 支
生蝦醬 50g
粗辣椒粉 200g
水梨 200g
砂糖 100g
細辣椒粉 80g
魚露 100g
薑末 30g
蒜末 100g
洋蔥 1 個

1. 鹽漬泡水

將大白菜切成 1/4 後，**浸泡鹽水中 12 小時**，用清水洗兩次後，再把水分用力擠乾。

2. 米漿煮滾

將米漿材料拌勻後，**中火煮滾 5 分鐘**，並放涼。

3. 泡菜醬製作

將兩種辣椒粉以外的**醃漬材料放入調理機攪拌成漿狀**，米漿和調理好的醃漬材料混合均勻，再加入**辣椒粉和切好的醃料蔬菜絲**，拌成泡菜醬。

4. 泡菜醬抹勻

將擠乾的大白菜，一層一層打開葉片，**抹上拌好所有材料的泡菜醬**。

5. 泡菜集裝

準備陶瓷缸或滾水燙過的玻璃罐，裝入泡菜，放在**通風處夏天 6-8 小時，冬天 10-12 小時**，再放入冰箱，3 天後就可以試吃看看。

6. 切法擺盤

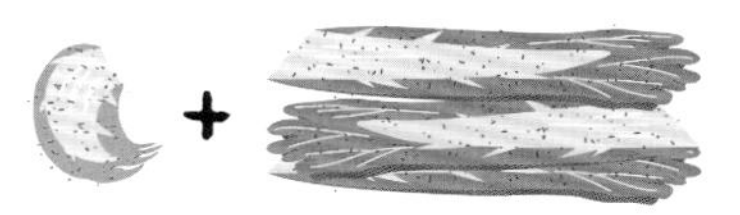

將醃好的泡菜稍微擠乾，**一片一片頭尾交錯放，再用泡菜垂直方式包起來**，切好擺盤，完成。

CHAPTER 2

一起來做 韓國小菜吧

같이 한식 반찬을 만들어 봐요

小菜最常用的烹調方式

韓國的小菜除了種類外，作法也是非常多元，有簡單的也有比較複雜的，我在這本書中會教大家不一樣手工或者是細節難度不同的小菜，大概可以依照烹調的方式，分成幾個不同的類型。

泡菜（快速泡菜／發酵泡菜）

泡菜最常見的作法是**快速泡菜**和**發酵泡菜**兩種。**一般傳統的大白菜泡菜，就是屬於發酵泡菜，利用發酵產生酸度和味道的變化**，要花時間等待，但也可以保存得比較久。

快速泡菜口感偏向生菜沙拉，基本上比較偏辣、甜、酸，吃起來沒有發酵過的酸味。傳統泡菜還沒發酵完也可以吃，但是一定要經過發酵，才能夠真正吃到它的美味。

快速泡菜是小菜裡的一個大分類，食材跟發酵泡菜差不多，最主要不一樣的地方，就是會加芝麻油跟白芝麻粒。因為沒有發酵的關係，快速泡菜的酸度來自白醋，香氣與味道則是靠芝麻油來加強。發酵泡菜就不需要了，而且加了芝麻也會讓泡菜沒辦法存放得那麼久，容易壞掉。夏天我們很常做快速泡菜，因為有非常多新鮮的蔬菜可以使用。**大多的快速泡菜都會做比較小量，大概吃一餐或是兩餐的量，兩三天內可以食用完畢**。

台灣適合做快速泡菜的食材有很多，小黃瓜、大白菜、高麗菜，還有其他可食用的生菜都能夠拿來做快速泡菜。但如果是很容易出水的蔬菜就比較不適合。

醃製小菜

醃製小菜也是不用發酵的小菜，主要是**透過浸泡的方式讓醬料慢慢滲透進食材裡面**，需要花一點時間等食材入味，因為醬料裡面有很多殺菌的材料，例如鹽、糖、醬油、辣椒粉，雖然不像傳統泡菜可以放那麼久，但也可以存放好幾天，很適合當成冰箱裡面常備的小菜。

醃製小菜有甜或醬油的口味，可以增加餐桌上不一樣的味道，蔬菜食材因為醃製過後變得脆口，顏色也隨著醃製時間而不同。

利用長時間醃漬，讓醬料的味道和顏色充分與食材融合。（韓式黃蘿蔔，**P108**）

細蔥泡菜（**P66**）是
韓國人最愛的泡菜之一。

涼拌小菜

在韓國所謂的涼拌小菜，大多需要經過汆燙、冷水洗、手擠，然後再來調味，拌的動作也很重要。在製作的過程中，手拌與調味是最主要的成功要訣。

涼拌最基礎的調味，就是海鹽、芝麻油還有白芝麻粒。如果味道不夠好吃，再來加一些糖跟蒜末，想要有辣味，就加入辣椒粉、辣椒醬或是大醬。最後還要再堆疊多一點味道，就是再加一些魚露了。帶有苦味的蔬菜，也可以多加一些糖、蒜末，來讓苦味減少。

台灣很多綠色葉子的蔬菜都滿適合製作涼拌小菜，也有很多是韓國沒有的，大家可以針對自己喜歡的蔬菜，參考食譜的調味，再調整成自己的喜好。每個人做出來的小菜，都會有不一樣的風格。

用手仔細拌食材和醬料，讓味道均勻入味。
（大醬青蔬，P120）

涼拌菜 무침（Mulchin）與나물（Namul）的差異

韓文的涼拌菜分成무침（Mulchin）以及나물（Namul）兩種，大多人一開始接觸韓國小菜的時候會分不清楚哪裡不同，因為中文上非常類似，也都是燙過擠水的蔬菜調味，然後冷掉後食用。但是大致上可以這樣區別。

무침（Mulchin）是涼拌主要的一個分類，把生食或是燙過的生鮮拌一拌調味，醬料的調配還有比例很重要，著重在拌的動作，讓食材能夠均勻覆蓋醬料。나물（Namul）則是指特定山菜的涼拌，很多會用一些特別的野菜，主要是吃原味的感覺，不會有辣的。當我們說到這兩個字的時候，第一個想到的是媽媽手作的感覺，隨著擰乾與手的力道、拌的方式不同，味道都會不一樣，食材格外重要。

韓國有非常多山菜，而且越鄉下，涼拌的小菜更是特別多，很多山菜就像藥材一樣具有食療的效果。現在因為氣候改變，很多以前我爸爸用過的山菜，現在很難買或是已經沒有了。這一次的小菜書，我就專注在教大家如何用台灣買得到的蔬菜，讓大家能有機會在家照著食譜做。

炒類小菜

炒的方式有兩種，一種分類為乾炒，還有一種是有醬汁的炒。不同的地方在於這道菜炒完是否要另外再加醬料。乾炒的小菜香氣很重要，有醬汁的炒類小菜則著重於拌炒時，肉質或是食材口感上的改變。但是比較肥的肉比較不適合做炒類小菜，例如五花肉，因為小菜主要是冷著吃，油太多的話吃起來膩，冷掉後的味道也不好。

蔬菜炒之前的處理很重要，才不會影響完成後的味道。
（櫻花蝦炒牛蒡，P164）

煎炸小菜

以前的韓國很少有需要用很多油的料理。因為早期韓國並沒有生產足夠的油，只有在特殊的節日，像是過年中秋節祭祖，或者是結婚與慶生的時候，才會有乾煎或是半煎炸的菜色出現在餐桌上給賓客跟家人。

但是現在時代進步很多，在市場跟超市都可以買到煎餅這種煎炸類的小菜，各式各樣的種類都有。煎炸的小菜基本上需要裹麵衣，所以雞蛋、麵粉一定要有。食材如何均勻裹上蛋液，翻面的控制也會是一個技巧。在這個章節也會特別教大家一些醬料，針對煎或是炸的食材來做調味使用。

韓國以前油很貴，所以炸的比較少，大多都是半煎炸的方式。
（綜合煎餅盤，P176）

燉煮小菜

燉煮類小菜就是經由大火轉至小火，花時間慢慢煮，把食材的美味燉出來，同時讓肉品或蔬菜吸附這些燉煮出的精華。有些燉煮的小菜需要收汁，才能把濃縮醬汁的味道，入味進主要食材中。雖然都是燉煮，但每種小菜的料理方式跟技巧有點不一樣，我也會在書裡教給大家。

清蒸小菜

清蒸是韓國認為最能夠保存食物原本味道與營養的料理手法。基本上它的口味會比較清淡，所以用清蒸做成的小菜不是太多，因為它的味道沒那麼重，跟米飯搭配起來比較不太能夠下飯，或是容易被主菜味道蓋過。但韓國還是有一些很好吃的清蒸小菜，可能是用蒜蓉跟辣醬來做調味，或者是有一些海鮮的菜色也會蠻適合使用蒸的方式來料理，保持食材的原味與鮮味。

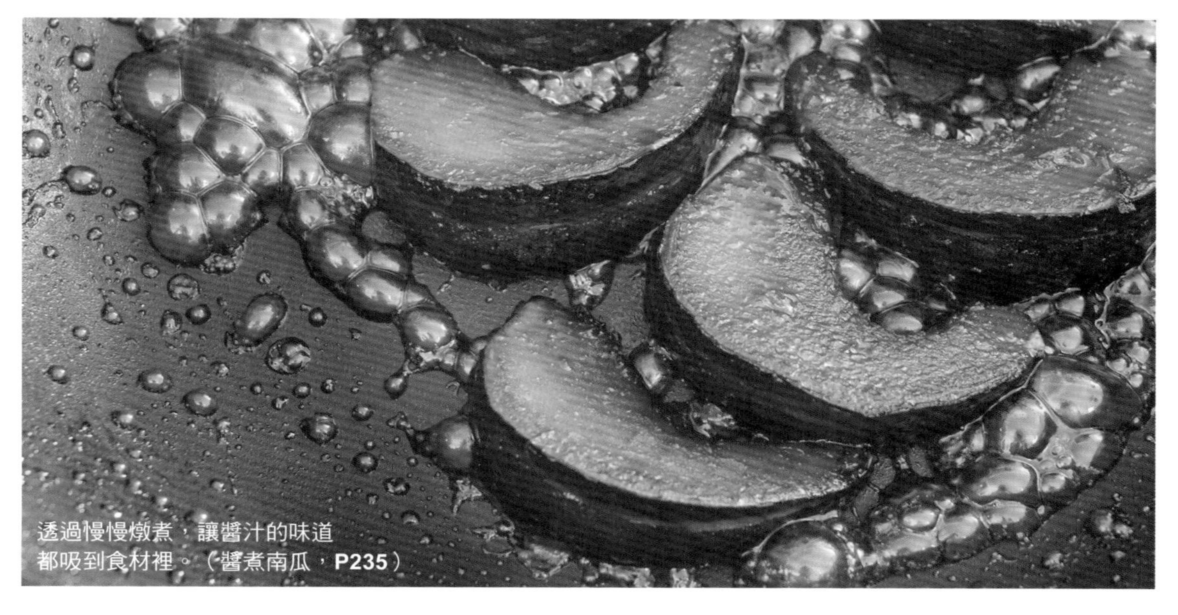

透過慢慢燉煮，讓醬汁的味道
都吸到食材裡。（醬煮南瓜，P235）

韓國常用的特色食材 & 調味料

台灣跟韓國的氣候、飲食習慣不太一樣，常見的蔬菜或者是調味料也都不一樣。像是我剛來台灣的時候，幾乎很難可以買到韓國芝麻葉。但是現在越來越多人喜歡韓國料理，也有很多厲害的農民種出各種不同的蔬菜，一些韓國的菜和調味料變得比較容易買到，做韓國料理更方便了。接下來就來跟大家介紹，小菜的製作經常會用的一些韓國特色食物吧。

蔬菜

新鮮生菜 신선한 야채

韓國人習慣取生菜包著東西吃，包肉包飯都有。在超市可以看到各式各樣可以生食的蔬菜，除了辣椒、蔥之外，還有很多不同的萵苣、綠葉生菜，也有芝麻葉。對於韓國人來說，可以生食的大片生菜葉片，是很好運用在料理上的食材。芝麻葉外觀上像日本的紫蘇葉，但芝麻葉比紫蘇葉要來得大片，因為品種不同，味道香氣也跟日本的紫蘇不一樣。

韓國超市裡會販售很多生菜。

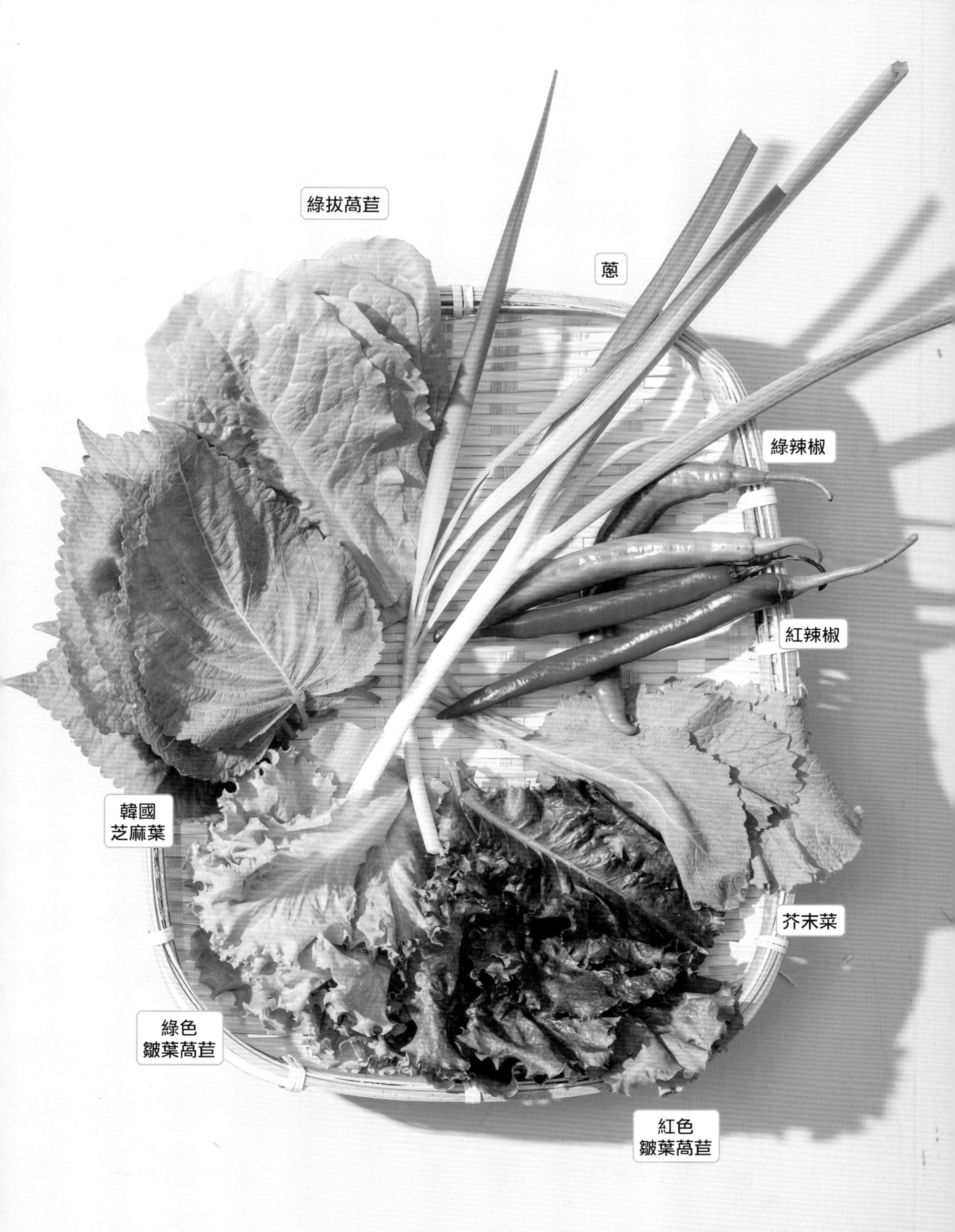
綠拔萵苣
蔥
綠辣椒
紅辣椒
韓國
芝麻葉
芥末菜
綠色
皺葉萵苣
紅色
皺葉萵苣

蕨菜乾

乾燥食材

乾燥蔬菜

蕨菜葉 고사리

這是一種乾燥的蕨類，在台灣比較少，要去專門賣韓國食材的店才有。買的時候會是一個餅狀，有點像普洱茶餅的樣子，使用前再把它切開或者是取出自己想要的分量，長時間泡水泡開後擠乾。蕨菜乾對韓國來說是非常重要的一種乾燥蔬菜，也是野生蔬菜的一種，常常用在辣牛肉湯、涼拌小菜裡面，還有韓國拌飯也會放，具有特別的香氣與口感。

其他台灣少見的韓國乾燥蔬菜

韓國蘿蔔葉　무 말랭이

用韓國蘿蔔的葉子乾燥而成，比較長而且一根一根的，跟台灣看到的乾蘿蔔葉不太一樣，常用來拌辣椒醬，是比較有嚼勁的乾燥蔬菜。

乾燥地瓜葉梗　고구마 줄거리

台灣人吃地瓜葉，但在韓國吃的是地瓜葉的梗，乾燥的地瓜葉梗也蠻常見，一般超市都有，可以拿來製作泡菜或是做成蒸的小菜。

乾燥大白菜葉　우거지

大白菜葉在韓國也會拿來乾燥，讓味道更濃郁，在煮湯的時候散發出特別的味道，使用前也是要先泡水擠水，大多用在燉菜與湯品中。

大鯷魚乾
魩仔魚乾
小鯷魚乾
櫻花蝦
蝦米

大鯷魚乾

一般來說我們是用來煮湯底，大隻的鯷魚乾整條拔掉頭和內臟後直接使用，可以煮出清淡甘甜的海鮮湯底，具有自然的鹹味。所以像豆腐鍋或湯麵，就會使用大鯷魚乾跟乾燥昆布來熬煮湯底。

小鯷魚乾

比較小的鯷魚乾，一般是拿來做拌炒小菜。因為體型很小，直接食用口感上也不會感覺有小刺，鈣質很多。裡頭內臟有一點苦味，把頭還有內臟折掉就不會苦了。

挑選鯷魚乾的祕訣

購買鯷魚乾的時候，盡量挑選表皮完整，然後形狀彎彎、有點扭曲的樣子，會是比較新鮮的小魚。如果是形狀很直的魚乾，表示撈上岸、煮之前就已經死掉。

用新鮮鯷魚製成的魚乾

用死掉鯷魚製成的魚乾

魩仔魚乾

也是拿來炒的種類，炒得酥脆之後就可以製成小菜，基本上沒有苦味。如果買到的是已經有加鹽巴調味的，需要減少調味料的用量，才不會太鹹。

櫻花蝦

櫻花蝦是屬於用炒的乾貨，跟魚乾比較的話是比較貴的食材，可以做小菜外，也可以在煎餅上面使用，煎完會很香。

蝦米

台灣很常看到用來做湯底，但是韓國料理的話比較少使用。

野生
芝麻粉
芝麻
辣椒絲
乾辣椒
細辣椒粉
粗辣椒粉

調味料

野生芝麻粉 들깨 가루

有些會翻譯成「紫蘇籽粉」，現在台灣也比較容易購買得到，進口超市或是專門賣韓國食材的店裡都可以買到。長得很像白芝麻粉混黑芝麻粉，但是品種不一樣，香氣也不同，跟芝麻是完全不一樣的東西。常常用在涼拌菜，或是撒在馬鈴薯排骨湯之類的馬鈴薯料理上面提味，可以增加一些韓國特色的香氣與口感。

白芝麻粒 볶음 참깨

白芝麻是韓國料理中很重要的一個元素，使用於非常多的菜色上面，在增添香氣上的效果很大。用之前可以先搗碎，或是用手稍微壓碎，香氣會更明顯。

辣椒 고추（粗辣椒粉．細辣椒粉．乾辣椒．辣椒絲）

辣椒除了辣度以外，也可以增添香氣。韓國料理中最常用的是粗的和細的辣椒粉，辣度不像台灣辣椒粉那麼辣。因為粗細兩種辣椒粉的辣度和味道不太一樣，需要兩種都準備。乾辣椒大多用在炒出香氣，辣椒絲則是裝飾比較多。

糖

砂糖・玉米糖漿 사탕・옥수수물엿

兩者都是糖，但不一樣的甜度和味道。韓國料理幾乎都會用很多不一樣的糖來做甜度的調整。不論是食材自己的甜度或者是另外加進去的糖分，食物必須要具有一些甜分，才會美味或互補。韓國人比較常使用白糖或者是紅糖來做料理，黑糖大多是飲料的製作。

玉米糖漿可以增加料理的濕潤度，甜度也跟一般的糖不一樣。如果沒有玉米糖漿，用台灣的果糖也可以。基本上玉米糖漿的甜度是糖的一半，所以如果沒有玉米糖漿，使用一般糖的話，就是減半使用。例如，食譜上 20 克的玉米糖漿，那你就用 10 公克的糖即可。

蜂蜜 꿀

蜂蜜的甜度是比糖要再高一點的，也比玉米糖漿還要再高一些。蜂蜜有一種特殊的花香，味道比較重。所以一般來講是使用在特殊的菜色上，或者是甜點中。

柚子茶果醬 유자차

柚子茶果醬可以為菜色加一些柚子的香氣進去，除了做成水果茶品，也可以用來醃漬蘿蔔或者是調製小菜的醬汁。

柚子醬　砂糖　蜂蜜

梅子汁 매실청

也有人翻譯「梅子醬」。梅汁並不是果汁，而是有點濃稠度的梅子糖漿，比較水狀一點，跟玉米糖漿比起來多一些甜度跟酸度，在韓國料理裡面，有時候在泡菜或者是肉類小菜的菜色，會加入梅汁，現在一般來講韓國的食品行也可以買到。

梅子醬

玉米糖漿

其他常用的韓國調味料

醬油 간장

韓國有分湯醬油（국간장）跟濃醬油（진간장）兩種。湯醬油顏色清淡，比較鹹。濃醬油顏色深，味道和香氣濃郁。我自己比較常使用濃醬油，沒有的話換成台灣醬油也可以，只是味道會有點不一樣。

魚露 액젓

韓國的魚露沒有煮過，可以用來幫助發酵，和已經煮過的泰國魚露香氣和味道都不一樣。這本書裡用到的是最常見的鯷魚魚露（멸치액젓）。

韓式大醬 된장

大醬就是韓國的味噌，和日本味噌的味道不一樣，比較適合久煮，香氣很濃。

韓式辣椒醬 고추장

很久以前的韓國辣椒醬只有辣椒粉跟大豆醬，後來慢慢演變成加上玉米糖漿、洋蔥、大蒜後發酵的味道。大多韓式辣椒醬裡面都有蒜或洋蔥，但是包裝上常常不會寫到。韓式辣椒醬在韓國料理上佔有很大的地位，是最容易帶出韓國風味的一種調味醬。

韓式大醬

醬油

魚露

韓式辣椒醬

紫蘇油 들기름

有時候也翻譯為「野生芝麻油」，是韓國特色的一種油。野生芝麻油味道比較重，聞起來偏鹹，有點像草藥與魚油的味道（芝麻油的氣味比較偏甜）。適合在湯品裡頭提味，還有就是燉煮類的東西，製作野生山菜的小菜時也常用到。

韓國芝麻油 참기름

韓國生產的芝麻油品質很好，基本上沒有摻其他的原物料，味道很純、很香，香氣濃郁持久，通常是最後提味或者淋在料理上面使用。它是韓國料理最主要的調味料，跟台灣的香油或是黑麻油的味道不太一樣。黑麻油味道比較重，容易蓋掉食物原有的味道，香油則是加了其他的油混合，可以直接炒。

醋 식초

韓國料理中很常用到米做成的白醋，像是沒有經過發酵的快速泡菜，就會需要醋來帶出酸度。

紫蘇油　芝麻油　醋

主廚推薦！

셰프 추천 반찬

韓國人最愛的小菜組合

燒肉小菜 048
配粥小菜 049
配麵小菜 050
蔬食小菜 052
常備小菜 053
便當小菜 054

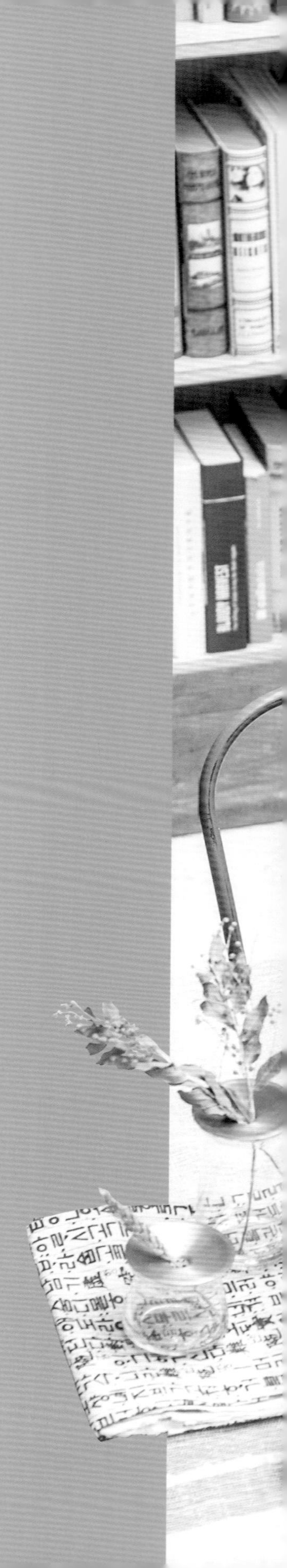

燒肉小菜

구운고기 반찬

韓國人最愛吃的燒肉，因為味道重，通常搭配解膩的生菜和小菜，小菜裡不會再有肉。

配粥小菜

죽 반찬

粥的味道比較清淡，
搭配口味重、食材多元的小菜，
可以讓一餐的味道和營養更豐富。

醬煮牛肉 p216

涼拌海苔 p124

醬燒蓮藕 p234

醬煮鵪鶉蛋
馬鈴薯 p212

辣芝麻葉 p88

牛絞肉蒸茄子 p240

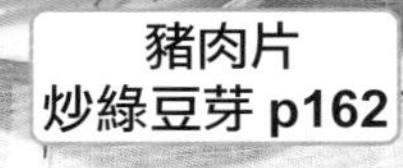

豬肉片
炒綠豆芽 p162

細蔥泡菜 p66

蘿蔔絲泡菜 p70
白菜泡菜 p58
辣味清蒸
糯米椒 p238
芥末豆芽菜 p130
韓式黃蘿蔔 p108
辣拌花枝 p138

配麵小菜

면 반찬

這邊是適合麵食的小菜。
一般吃湯麵或拌麵時配的小菜比較多，
但吃泡麵的時候，因為泡麵味道重，
小菜就會比較簡單吃，
最常配的就是蘿蔔絲泡菜、白菜泡菜、
韓式黃蘿蔔這種開胃方便的組合。

醬漬鮮菇 p96

蔬食小菜

채식 반찬

這套是寺廟修行常吃的蔬食菜色，
也可以把大蒜等辛香料拿掉，
做成純素的小菜。

炒時蔬雜菜 p154
醬煮黑豆 p230
大醬青蔬 p120
辣拌小黃瓜 p122
芝麻醬鴻喜菇 p126
醬燒蓮藕 p234
芝麻生菜沙拉 p146
芝麻醬蕨菜 p134
辣拌蒜苗 p104
韓式煎豆腐 p200
豆腐拌菠菜 p128
涼拌茄子 p132

기본 반찬

常備小菜

這邊的小菜可以存放的時間比較久，是韓國媽媽們的冰箱裡最常有的菜色，隨時拿出來就可以方便吃。

便當小菜

도시락 반찬

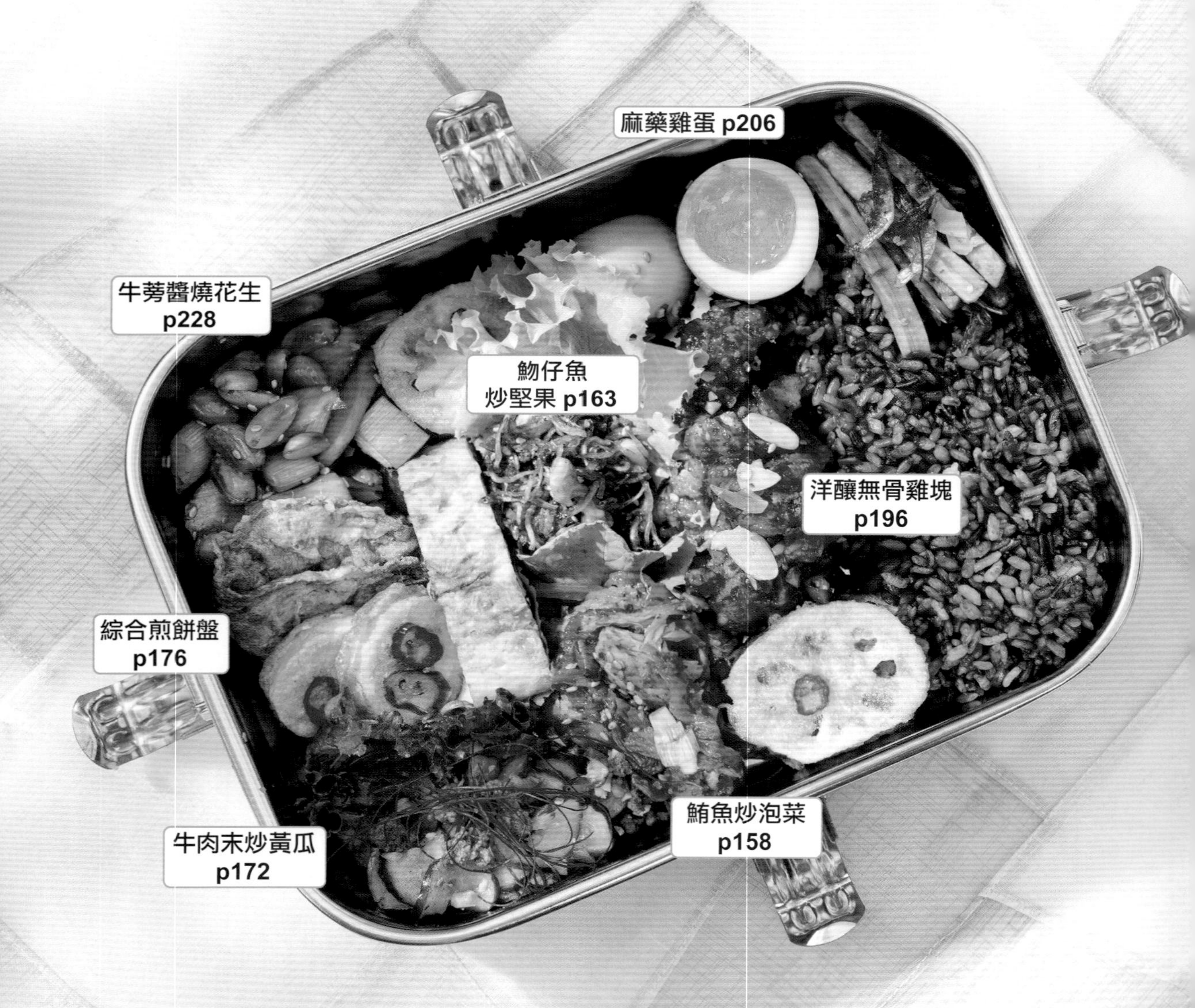

麻藥雞蛋 p206
牛蒡醬燒花生 p228
魩仔魚炒堅果 p163
洋釀無骨雞塊 p196
綜合煎餅盤 p176
鮪魚炒泡菜 p158
牛肉末炒黃瓜 p172

冰箱裡有小菜非常方便，
吃飯的時候拿出來就可以吃，
把小菜組裝一下，
也可以做成豪華豐盛的便當。
很多小菜都很適合帶便當，
只要選擇比較不會出很多水分、
不容易變質的就可以了。

櫻花蝦炒牛蒡
p164

牛肉蓮藕餅
p182

櫻花蝦炒蒜苗
p168

CHAPTER 3

泡菜

(快速泡菜 / 發酵泡菜)

김치

白菜泡菜 冷

배추 겉절이

baechu geotjeol-i

這個是即食型的泡菜，不用發酵就可以食用。也可以用台灣當地食材像是高麗菜來取代大白菜，一樣好吃，可能沒有那麼脆，但是味道比較清甜。

這裡鹽漬的動作是為了讓蔬菜的水分出來、脆度增加，並不是要讓它鹹，所以需要水洗。因為鹽漬的時間很短，保存時間沒有像傳統泡菜那麼長，但喜歡吃快速白菜泡菜的人，就是要享受它的脆度還有蔬菜的新鮮甜味。雖然沒有傳統泡菜發酵的酸還有微氣泡感，但是製作時間不長，方便製作。

製作時間　30 分鐘，免發酵型泡菜
保存期限　5-7 天
最佳嘗鮮期　3 天，建議少量製作

主要食材

大白菜 1kg（需要鹽漬）

TIPS：韓國大白菜比較脆，但台灣難買，可以用山東大白菜取代。

鹽　漬

海鹽 150g

白砂糖 150g

水 600g

醃　料

韓國粗辣椒粉 180g

鯷魚魚露 100g

生蝦醬 30g

蒜末 100g

薑末 30g

醬油 15g

白砂糖 100g

白醋 10g

芝麻油 10g

裝　飾（增加香氣）

芝麻油 少許

白芝麻粒 3g

配　菜

韭菜 50g

洋蔥 100g

作　法

1. 大白菜切開後，**大片葉子切段、厚梗切薄片**，韭菜切段，洋蔥切絲。（如圖 A-E）

   POINTS 山東大白菜梗厚的地方水分多，斜切薄片才不會太軟，入味的時間也比較均勻。

2. **將海鹽、砂糖與水混合後，倒入切好的大白菜中，均勻混合後，鹽漬約 30 分鐘到 1 個小時，這段時間內，要手拌 2-3 次。**

   POINTS 白菜疊在一起有縫隙，泡鹽水會比直接抹鹽均勻。中間拌一下讓白菜更均勻鹽漬到，避免有地方沒泡到水，醃的時候味道進不去。

3. 等到切片的白菜梗折起來有點韌性不會斷掉，就代表可以水洗了。**用冷水洗 2-3 次，把附著在白菜上面的鹽水洗掉後擠乾。**（如圖 F）

   POINTS 白菜要擠乾，以免影響調味。洗完可以吃吃看，試一下鹹度。

4. 混合芝麻油外的醃料材料。將醃料加入擠乾後的白菜片、韭菜段、洋蔥絲，均勻攪拌，讓醬料附著在葉菜上。最後加入芝麻油拌一下。

5. 盛盤上桌時，上面斟酌加幾滴芝麻油與白芝麻粒增添香氣。

★ 這個快速泡菜配肉很好吃，但不適合久煮或煮湯，跟傳統泡菜相比酸度與味道不夠濃郁，直接吃最好！

★ 這道菜是甜辣口感。大白菜的脆度很夠，因為不像傳統泡菜是仰賴發酵產生自然的酸度，而是靠醋來帶出酸度，所以喜歡酸一點的你，可以多加一點醋 yo。

A 大白菜從中段切到底，切一個大十字。

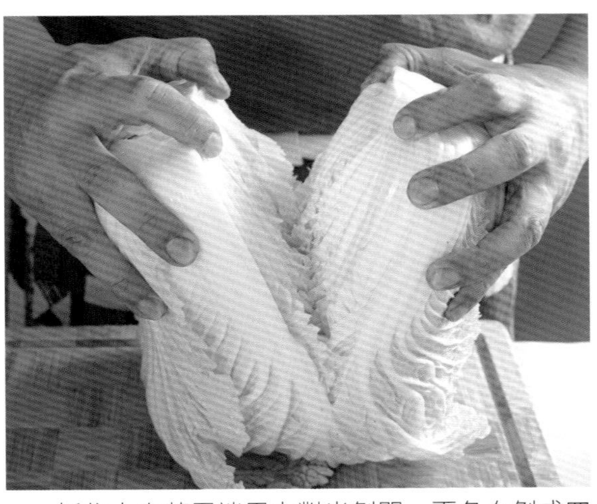

B 抓住大白菜尾端用力對半剝開，再各自剝成四分之一塊。

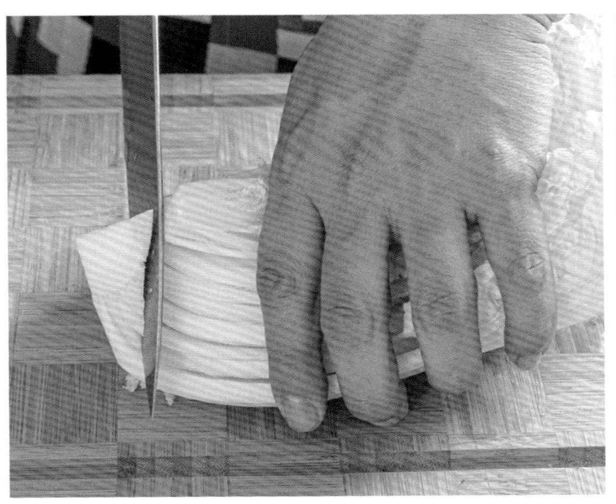

C 切掉頭的地方，這邊比較硬不吃。

D 把大片的葉子切小，最小片的不切。

E 讓每片葉子大小差不多。

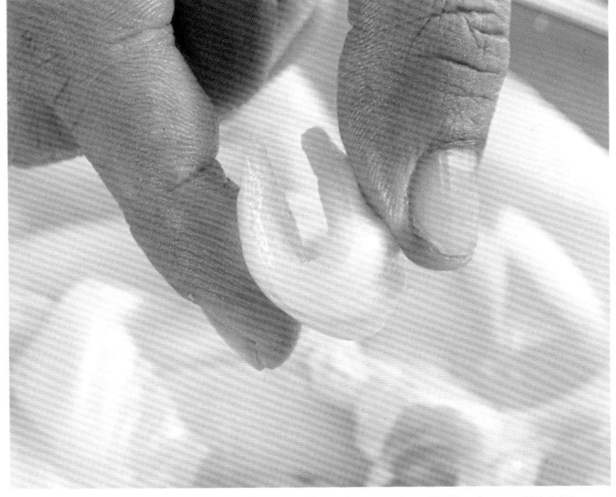

F 鹽漬到菜梗用手折不斷後，洗淨擠水、醃漬。

白蘿蔔塊泡菜 冷

깍두기 kkagdugi

韓國人最喜歡的兩種泡菜就是白蘿蔔和大白菜，尤其是賣湯飯的店、餐廳都會提供不同形狀的白蘿蔔泡菜。這是屬於需要發酵的泡菜，因為有過鹽漬的過程，可以冷藏存放得比較久。白蘿蔔塊泡菜的作法比白菜泡菜來得相對簡單，希望你們在家也能試著做做看。味道嚐起來很清爽也不會太辣，很適合台灣人的口味。

這道泡菜吃起來有一點甜辣感、偏酸帶鹹，主要是吃白蘿蔔的脆度，所以製作重點除了挑選新鮮的白蘿蔔與去皮多一點之外，就是要記得用海鹽抓醃、讓它出水，並將水瀝乾。鹽漬的過程很重要 yo ！

主要食材

白蘿蔔 2kg _ 切塊
韭菜 100g _ 切小段

鹽　漬

海鹽 50g
白砂糖 50g

糯米糊

水 500g
糯米粉 50g

醬　料

白蘿蔔 200g _ 隨意切塊
水梨 200g _ 隨意切塊
TIPS：加水梨是為了增加天然的水果酵素，也可以用蘋果。
洋蔥 200g _ 隨意切塊
蔥 60g _ 隨意切段
蒜末 100g
薑片 30g
韓國粗辣椒粉 200g
韓國細辣椒粉 80g
白砂糖 100g
生蝦醬 50g
鯷魚魚露 100g

製作時間　1 小時，發酵型泡菜
保存期限　1 個月
最佳嘗鮮期　常溫 1 天後冷藏 2 天最好吃，2-3 星期內口感都還不錯

作　法

1. 將白蘿蔔去皮後切 1.5 公分大小的塊狀，韭菜切成跟蘿蔔塊差不多長的小段。（如圖 A、B）

2. **取 1：1 的海鹽與砂糖混合，抓醃白蘿蔔塊後靜置 40 分鐘到 1 小時。**（如圖 C）

   POINTS 以前為了延長保存會用大量的鹽醃漬，現在考量到健康因素，減少了鹽巴的用量，並用糖取代，吃起來味道比較剛好、不會太鹹。白蘿蔔抓醃完自己會出水，所以不需要另外加任何水，中途翻拌 2-3 次讓它更均勻就好。另外，白蘿蔔本身水分越多要醃越久，必須依照情況稍微調整 yo。

3. 製作糯米糊：開火倒入冷水，加入糯米粉，在鍋中攪拌煮至稠狀後，小火滾 1-2 分鐘，再關火放涼。

4. 把所有醬料材料與糯米糊一起放入調理機打勻。

5. 將鹽漬出水的白蘿蔔用清水洗 2-3 次，然後將水瀝乾。

6. 取白蘿蔔、韭菜段以及步驟 4 的醬料一起混合拌勻。（如圖 D）

7. 裝入保存容器中，蓋上蓋子密封。夏天正常室溫下靜置 12 小時，冬天靜置 1 天，然後放在冰箱冷藏 2 天後，就可以打開來吃囉！（如圖 E、F）

★ 可以將白蘿蔔泡菜切小塊狀後炒肉或是炒飯，增加口感及味道的厚度。

★ 放冰箱一個星期後的濃度很適合拿來燉魚。

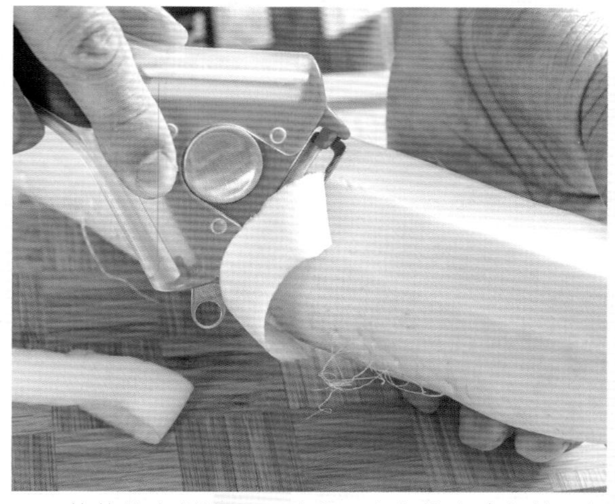

A 蘿蔔的皮削掉厚一點才不會有苦味（尤其是冬天的蘿蔔）。

B 切成約 1.5 公分塊狀，是適合入口的大小。

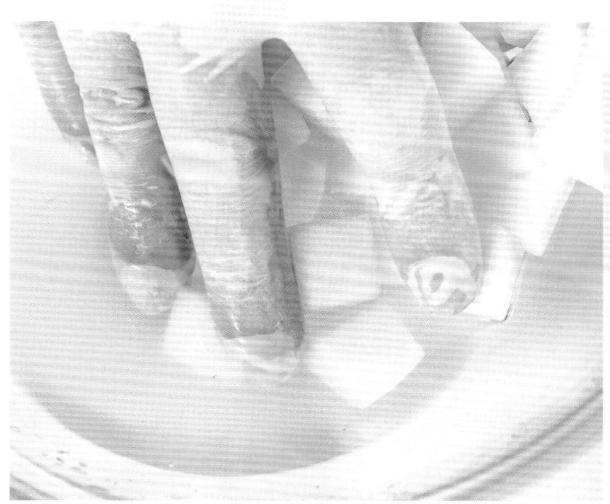

C 鹽漬過後鹽和糖都會融化掉，並且明顯出水，要用清水反覆清洗並瀝乾。

D 將醬料拌入蘿蔔，醬料越多味道越重，建議白蘿蔔表面大約 10% 有沾到就好。

E 保存容器內的空氣越少越好，但也不要裝太滿，九成滿比較合適，預留一點發酵後空氣跑出來的空間。

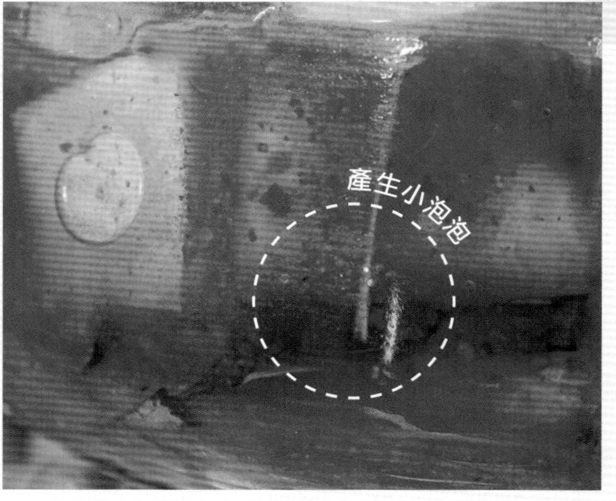

F 看到發酵後產生的氣泡（夏天大概放半天，冬天一天），24 小時內就可以從室溫移到冰箱。

細蔥泡菜 冷

파 김치 pa kimchi

韓式烤肉我最喜歡搭的泡菜，就是這款細蔥泡菜。用新鮮的生菜包烤好的豬五花跟細蔥泡菜一口吃掉，是我最愛的吃法。我個人喜歡用鯷魚魚露做泡菜，不過台灣有些人不習慣魚露的腥味，所以在食譜裡我也將魚露的用量減半，讓大家比較能接受（喜歡魚露味道的人可以自己調整）。

這道泡菜在韓國大多是用珠蔥來製作，不過台灣珠蔥比較少，我之前有在礁溪一帶跟烏來平溪買過，平常的話就是用一般青蔥做。自製的細蔥泡菜放久變太酸的話，不用急著丟掉，這時候的酸度最適合拿來炒肉，或是煮泡菜鍋 yo ！

主要食材

青蔥或是珠蔥 800g _ 切掉頭尾

TIPS：在韓國我們比較多用珠蔥，沒那麼辣，但台灣不好買，可以改用青蔥泡久一點讓辣度降低。

醃　料

蒜末 20g
韓國粗辣椒粉 150g
鯷魚魚露 70g
白砂糖 20g
生蝦醬 20g（依喜好決定）
糯米糊 200g（水 230g+ 糯米粉 30g）

配　菜

洋蔥 100g _ 切塊，混入醃料中使用

製作時間　30-60 分鐘，發酵型泡菜
保存期限　1 個月以內，會逐漸變酸
最佳嘗鮮期　常溫放 1 天後冷藏 2-3 天，就可以拿出來吃

作　法

1. 將**青蔥頭尾切除**。（如圖 A）

   POINTS 蔥尾尖尖的地方切掉，才能讓裡面的空氣出來，發酵的時候不會膨起來，味道也比較吃得進去。

2. 取一容器，**先將蔥白用鯷魚魚露泡醃 20-30 分鐘**，中間翻面 1-2 次。（如圖 B）

   POINTS 蔥白比較厚，先泡醃可以讓味道更均勻入味。

3. 製作糯米糊：開火倒入冷水，加入糯米粉，在鍋中攪拌煮至稠狀後，小火滾 1-2 分鐘，再關火放涼。

4. 將步驟 2 泡蔥白的鯷魚露倒出，混合洋蔥、蒜末、粗辣椒粉、白砂糖、生蝦醬（也可用調理機打勻），再與糯米糊混勻成醃料。

5. 取步驟 4 的醃料，塗抹抓醃在蔥上，**抹在蔥白的部分要比蔥綠多**。最後放進保鮮盒，**服貼鋪一層保鮮膜在泡菜上，將空氣擠出**，蓋上蓋子即可。（如圖 C、D）

   POINTS 蔥白不容易入味，多塗抹一點，整根蔥的味道才會一樣。

   POINTS 空氣會影響讓泡菜發酵的乳酸菌活動，所以要盡量把空氣擠出來。

★ 台灣青蔥比較大、粗壯、難咬斷，吃之前先切或剪一下，如果是用細的珠蔥，直接一口吃就好。

★ 細蔥泡菜配烤肉很好吃，而且變化度很高，可以用來炒飯、做泡菜鍋、煮湯，或是用豬肉片捲一捲，又是另外一盤小菜 yo。

A 蔥尖尖的地方要切掉，裡面的空氣才出得來。

B 蔥白先用魚露泡一陣子，可以讓味道更進去。

C 比較難入味的蔥白，要塗抹多一點醃料。

D 均勻抹上醃料後，再放到保鮮盒裡、封緊保鮮膜後蓋蓋子。

蘿蔔絲泡菜 冷

무 생채 mu saengchae

這道應該算是最經濟實惠的小菜了，食材不複雜也不用發酵，拌一拌調味就可以吃了。它偏辣、偏酸，韓國人很喜歡，附贈小菜裡面很常見。很多時候台灣人問我，韓國小菜好像非常多蘿蔔的變化，這是因為蘿蔔幾乎四季可以取得，而且很好保存。大家一起試試看用蘿蔔做出不同形式、口味的小菜吧！

主要食材

白蘿蔔 500g _ 切細條
韓國細辣椒粉 10g
鯷魚魚露 20g

醬　料

玉米糖漿 20g
白砂糖 10g
白醋 20g
蒜末 20g
芝麻油 5-10g（看個人口味）

裝　飾

蔥花 20g
白芝麻粒 10g

作　法

1 將**白蘿蔔去皮**後切成長 6-7 公分的細絲，接著加入鯷魚魚露抓醃一下，再加入細辣椒粉抓醃 5-10 分鐘。

POINTS 白蘿蔔皮有辣味，因為是生吃的料理，皮去厚一點才不會太辣。

2 將所有醬料的材料混合均勻（也可以用調理機打勻）。

3 將蘿蔔絲與步驟 2 的醬料拌勻，靜置 30-40 分鐘後就可以吃了。

4 吃之前最後撒上蔥花與白芝麻即可。

- ★ 可以快速上桌，但我個人最喜歡放 3 天入味後再吃 yo。
- ★ 素食者可用薑絲或薑末取代鯷魚魚露和蒜泥，用薑增加風味。
- ★ 這道小菜也可以當成韓式拌飯裡面的蔬菜，搭配肉類、拌飯、拌麵都好吃。

製作時間　10 分鐘，免發酵型泡菜
保存期限　5-7 天，放久出水是正常現象
最佳嘗鮮期　放 3 天後最好吃

生拌蔥絲泡菜 冷

파 상추 겉절이 pa sangchu geotjeol-i

韓國人吃烤肉時一定有這道小菜，有點像是蔥絲版本的生菜沙拉。一般烤牛肉或豬五花肉的時候不會加辣椒粉，而是在生拌蔥絲泡菜中加入辣椒粉。這道菜可快速完成、沒有加太多調味料，所以搭配烤肉吃的時候要再加一些醬汁加重調味 yo。

這道菜可以只用青蔥當主角，或是像我搭配生菜與小黃瓜，選自己喜歡的就好，青蔥跟生菜的比例大約 1：1，吃起來很清爽！

主要食材

青蔥 150g _ 切絲
生菜＆小黃瓜 150g

調味料

醬油 30g
白砂糖 15g
白醋 20g
蒜末 10g
韓國粗辣椒粉 10g
芝麻油 5g
白芝麻粒 5g

裝　飾（增加香氣）

芝麻油 少許
白芝麻粒 少許

作　法

1. 青蔥切成絲狀後泡冰水 10 分鐘。小黃瓜切片；生菜如果太大片，也切成好入口的大小。
2. 將青蔥絲的水分擠乾。
3. 取一容器，將所有調味料的材料混勻。
4. 將步驟 3 的醬料與青蔥絲、小黃瓜、生菜一起抓醃拌勻。
5. 最後淋上芝麻油、撒上白芝麻即完成。

製作時間　15 分鐘，免發酵型泡菜
保存期限　1 天
最佳嘗鮮期　馬上吃最好吃

這是一道增添香氣的小菜，很適合跟烤肉一起吃，搭配香煎豆腐或是煎餅也很不錯。

白菜水泡菜 冷

백김치 baeggimchi

白菜水泡菜是我小時候家裡的人用來做湯冷麵的食材，一直到現在我都還記得這個清爽的口感。尤其沒食欲的時候來上一口真的是很不錯。它不會辣，醃漬的湯汁也可以食用，因此適合拿來做冷麵的湯底。

如果不愛吃辣或是想換個泡菜口味的人，這道小菜一樣是烤肉的好朋友，搭配著吃很美味。它看起來簡單，但其實搓洗與鹽漬的過程比較久，不過，等待會是值得的。

製作時間 1 天，發酵型泡菜
保存期限 1 個月
最佳嘗鮮期 3-7 天最好吃

主要食材

大白菜 2kg

TIPS：山東大白菜或是韓國大白菜都可以 yo。

鹽漬材料

溫水 3000g

海鹽 250g

糖 50g

配　菜

白蘿蔔 200g _ 切絲

洋蔥 200g _ 切絲

紅蘿蔔 200g _ 切絲

紅辣椒 60g _ 切絲

青蔥 50g _ 切段

海鹽 20g

湯　底

洗米水 2000g

（米 500g、水 2000g）

TIPS：不需要米，只要取洗第三次米用的水。前兩次洗米水比較髒不建議用，洗好的米可以拿去煮飯。

蒜末 60g

薑末 60g

海鹽 20g

水梨 200g _ 切塊

生蝦醬 50g

工　具

蒸籠布、紗布或是茶包袋

作　法

1 將大白菜縱切四分之一後，放入鹽漬材料中，鹽漬約 10-12 小時。每 2-3 小時就將正在鹽漬的大白菜翻動一下，讓它更均勻。

2 將白蘿蔔、洋蔥、紅蘿蔔都切成差不多長度的細絲；紅辣椒先切段後，剖半去籽再切細絲；青蔥切段。將這些配料加入 20g 海鹽抓醃拌勻。

3 **把薑末、蒜末放到蒸籠布中，浸泡在洗米水中搓一搓**。（如圖 A）
POINTS 用蒸籠布或紗布包起來搓，味道的精華會出來，但不會有食材渣影響口感。

4 將鹽漬好的大白菜水洗 2-3 次後，**用手由上往下把水擠乾**。（如圖 B、C）
POINTS 先從白菜厚的地方擠，鹽水更容易擠乾淨，不好的味道也會被擠掉。

5 **把抓醃好的配菜塞入大白菜一層一層的葉片中**。（如圖 D、E）
POINTS 一層一層鋪在白菜梗上味道才會均勻，要花點時間但很好吃 yo。

6 將塞好配菜的大白菜放入保存容器中，加入步驟 3 的洗米水以及裝有薑末蒜末的布包，再加入水梨、海鹽、生蝦醬，然後一起醃製。（如圖 F）

7 蓋上蓋子或封保鮮膜放室溫約 12 小時後，進冰箱冷藏 2-3 天就可以吃了。

可以將肉或是蔬菜切絲，用做好的水泡菜白菜葉捲起來做成白菜肉捲或是蔬菜捲。

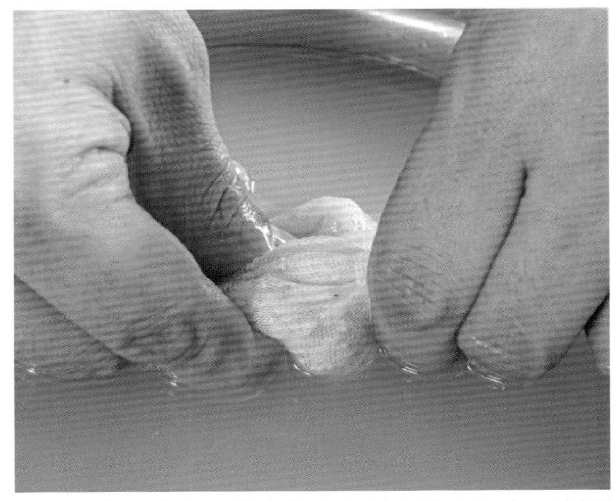

A 將裝有蒜末、薑末的布包放在洗米水中，用手反覆擠壓、搓出汁液。

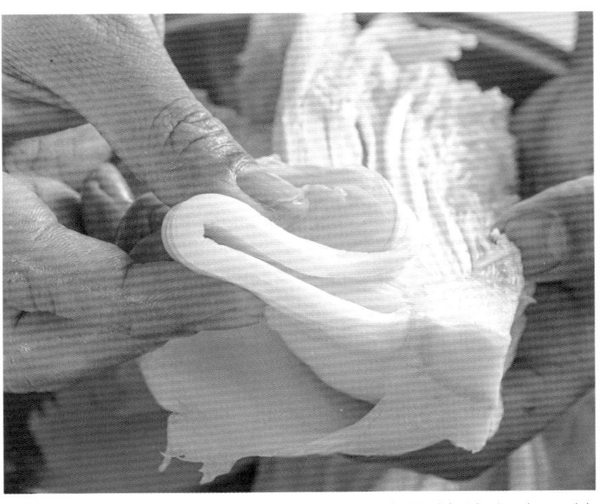

B 大白菜鹽漬到菜梗用手折不會斷掉的程度，就可以了。

C 將大白菜清洗 2-3 遍後，盡量把水擠乾。

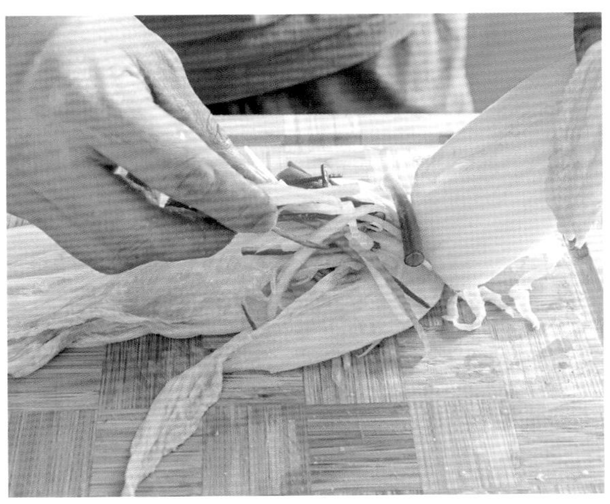

D 將切絲的配菜塞入大白菜的葉片裡。

E 每一層葉片都要掀開來塞入配菜，再疊好。

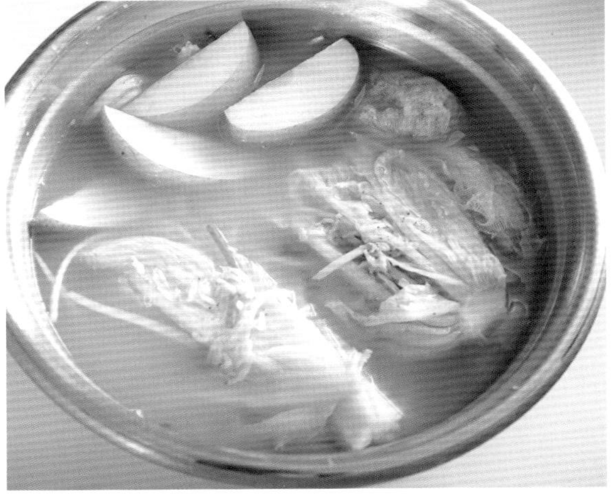

F 將所有食材放入容器中，倒入洗米水到淹過食材即可。

蘿蔔水泡菜 冷

동치미 dongchimi

這道小菜在餐廳很常見，因為不用魚露也不用辣椒粉，便宜又好製作。這種泡菜通常是在冬季食用，因為韓國的秋天盛產白蘿蔔，煮菜剩下的白蘿蔔就可以用來做這道小菜，且發酵不需要太長的時間，屬於微發酵型的泡菜。

製作時間 1 天，發酵型泡菜
保存期限 1 個月
最佳嘗鮮期 3-7 天

主要食材

白蘿蔔 1kg _ 切粗條
水梨 1 顆（約 200g）_ 切片
紅蘿蔔 200g _ 切片
青蔥 40g
紅辣椒 2 根
綠辣椒 2 根
蒜 20g _ 切片
薑 15g _ 切片

鹽漬材料

海鹽 20g
白砂糖 20g

TIPS：這邊的蘿蔔鹽漬後不需要水洗，所以鹽、糖的比例會比柚子醬蘿蔔低。

鹽　水

水 2000g　海鹽 45g

裝飾配菜

青蔥 少許 _ 切長段
紅蘿蔔 少許 _ 壓花紋
梨子 少許 _ 壓花紋
紅、綠辣椒 _ 斜切片

作　法

1 白蘿蔔去皮後，切成長 5 公分、寬 1 公分的長條狀。

2 **白蘿蔔加入海鹽與白砂糖鹽漬約 1 個小時**。

POINTS 這裡的鹽漬只是為了讓白蘿蔔出水，不是調味。

3 取一個鍋子加入水與海鹽，**滾煮之後等待冷卻到變溫水**。

POINTS 這裡的鹽水會用來醃漬，所以需要先煮滾殺菌。降溫到溫水後再使用，以免蘿蔔被燙熟。

4 把水梨切厚片，紅蘿蔔、薑、蒜切薄片，紅綠辣椒中段縱向劃刀、頭尾不切斷，青蔥不用切、稍微對折就好。

POINTS 這邊配菜只是用來醃漬，基本上不吃，所以不用切很細，比較好挑掉。

5 將白蘿蔔鹽漬後出的水倒掉，然後將所有蔬菜放入溫鹽水中。

6 夏天室溫下靜置 6 小時，冬天靜置 12 小時後，放進冰箱冷藏 3-4 天就可以食用。吃的時候可以再擺上裝飾配菜點綴。

把蒜與青蔥拿掉的話，就
可以做成素食的版本。

專欄

大白菜的不同切法

배추

大白菜是韓國人最喜歡的蔬菜，傳統泡菜、水泡菜、快速泡菜都可以用，煮湯、鍋類也很好吃。韓國大白菜梗的地方比較薄，吃起來脆脆的，山東大白菜梗的地方很厚、水分很多。兩種都可以用，只是切法不太一樣，山東大白菜要先切薄。這邊要介紹幾種白菜比較常見的切法，適合運用在各種不同的料理方式中。

1 細　絲

這種切法通常適合沙拉，細細的水分很快出來，用清水稍微洗乾淨，或是用鹽水泡一下再擠水，很快就可以吃不用等。

2 粗　絲

通常用來炒菜，稍微有點厚度不會一下就軟掉，還吃得到一點脆脆口感。

3 斜薄片

把厚的梗斜切成薄片，通常用來煮湯、鍋類，讓厚度跟葉子一樣，才會差不多時間熟。如果用山東大白菜做泡菜時，梗的地方太厚也會這樣切。

4 斜粗片

做快速泡菜的時候，會把最大片的葉子切成跟中心小葉子差不多的大小，這樣入味的時間比較均勻。

5 葉　片

把葉子切成大片，也是比較常用來煮湯、鍋類，更為方便吃的切法。

6 中心葉子

大白菜中間小小片的葉子不一定要切，做沙拉、煮湯、做快速泡菜都可以直接用。

挑選大白菜的方法：

不論是韓國或是山東的大白菜，挑選的時候都要選葉子外面比較翠綠，中心部分偏黃的才是。如果買的時候是切成半顆的，葉子要完整，且心與葉都要有，而不是剝到只剩下中間黃色的部份。

專欄

白蘿蔔的不同切法

무

白蘿蔔在韓國使用的範圍非常廣，泡菜、小菜、燉湯，很多地方都看得到它，熱菜冷菜都適合。不但很容易取得，而且價格便宜，一根蘿蔔就可以做許多種變化，對媽媽們來說很方便，也是韓國料理裡面很重要的一種蔬菜。想要做出好吃的蘿蔔料理，除了切法之外，削皮的方式也很重要，我在這邊也一起教給大家。

挑選蘿蔔的方法：

從蘿蔔的剖面也可以分辨出品質，例如右方這張圖，左邊比較像是夏天的蘿蔔，因為外圈皮比較薄，新鮮、水嫩。右邊的皮很厚，有點裂痕，表示已經開始老掉。

處理蘿蔔的技巧：

常常有人問我，為什麼做出來的白蘿蔔苦苦的？那是因為冬天的白蘿蔔皮比較厚，而夏天的比較薄，而那層皮就是苦味、澀味、辣味的來源，所以用冬天的白蘿蔔就需要把皮去掉多一點。

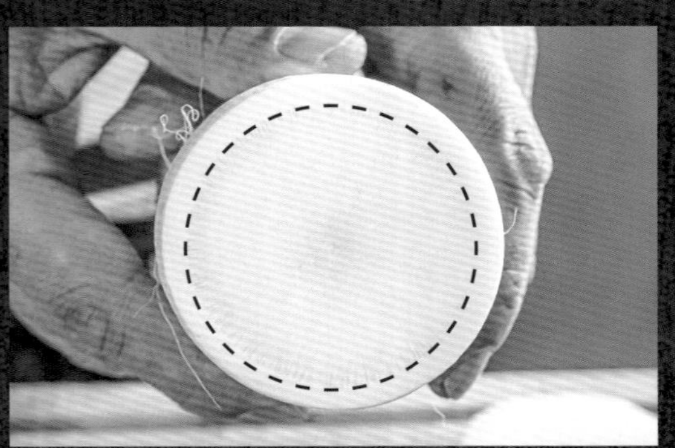

蘿蔔的各種切法：

1 方　塊

白蘿蔔泡菜用的切法之一，脆口度有，一口一個剛剛好。

2 細　絲

比較多用在炒的時候或是快速泡菜，因為很細很快入味，口感比較軟。

3 薄　片

做柚子醬蘿蔔常用的切法，薄薄的很快入味，一次夾一片也很剛好，口感偏軟帶一點脆。

4 粗　條

也是很常用來醃漬的切法，因為厚度有，吃起來比較脆，需要長一點時間入味。

5 長柱形

通常用在需要比較長時間醃漬的時候，例如醬漬白蘿蔔或韓式黃蘿蔔。

專欄

蔥的不同切法

파

蔥也是韓國很常用到的一種蔬菜，在台灣比較多看到拿來當裝飾或配菜，但在韓國我們有許多像蔥泡菜這種，以蔥當主角的料理。

蔥有分大中小三種，大的大蔥、甜蔥比較多用來煮湯、炒菜。中的青蔥用在熱菜，辣度比較明顯。還有小的珠蔥，以韓國菜來說，做成冷菜和泡菜都適合，有蔥的香氣但口感比較嫩、不辣。

在韓國，大中小的蔥都常常用到，台灣比較多是青蔥，其他也有但不是那麼多。不過台灣的蔥品質也很不錯，用來做成各種料理都很適合，稍微泡一下降低辣度，做成細蔥泡菜也好吃。接下來我要介紹幾種蔥的不同切法，還有它們適合用的料理 yo。

挑選蔥的方法：

蔥的水分會從尖尖的尾端開始不見，所以如果尖尖的地方枯掉，就表示新鮮度已經降低，有點老了。有些商家會故意把尾端切掉，如果不是熟悉、信任的商家建議不要買。

蔥白和蔥綠：

蔥分成根、蔥白、蔥綠三個部分。因為蔥是從根吸收養分，所以接近根的蔥白比蔥綠營養，香氣、甜度也比較多，通常用來增添料理的香氣、甜度，蔥綠則適合配色。蔥切下來的根不要丟掉，留下來煮湯底（洋蔥皮、蘿蔔皮這些也常用），可以煮出很好的味道 yo。

蔥的各種切法：

1 蔥　結

做青蔥卷的時候用，如果是珠蔥可以一口一個，青蔥的話吃之前剪成好入口的大小。

2 斜　段

另外一種蔥段的切法，比較多用在大蔥或是蒜苗這種粗的蔬菜上，可以讓厚度不要那麼厚。

3 蔥　段

炒菜用，一般青蔥依照其他搭配食材的長度，直接切成差不多的長度即可。

4 粗蔥花（熱菜用）

蔥花主要用來撒在做好的料理上增添香氣，如果是熱菜的話，為了避免青蔥碰到熱縮小，會切得稍微粗一點。

5 細蔥花（冷菜用）

一樣是撒在料理上增添香氣，切細細的適合冷菜，使用前建議先泡過冷水降低辣度。

6 蔥　末

跟肉拌在一起或是炒的時候可以用，只保留香氣不要口感。蔥切得越細，香氣越容易出來。

7 細蔥絲（冷菜用）
8 粗蔥絲（熱菜用）

兩種都是用在做好的料理上。粗蔥絲因為沒有切斷纖維，所以除了香氣外還會有一點口感。如果想要捲捲的那種蔥絲，切好後泡在冰水裡面就會捲起來。切的時候把蔥綠跟蔥白直切攤平後，從短邊捲起來切粗絲或細絲就可以了。

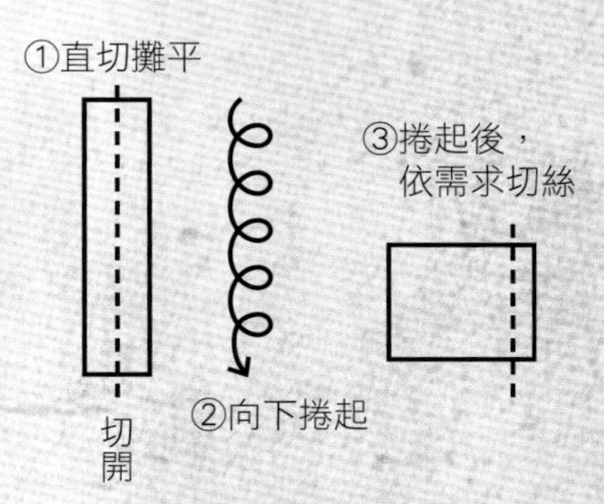

CHAPTER 4

醃製小菜

절은 반찬

醬油芝麻葉
辣芝麻葉 冷

간장 깻잎 절임 ganjang kkaes-ip jeol-im
매운 깻잎 절임 maeun kkaes-ip jeol-im

我剛來台灣的時候，只有偶爾在韓國餐廳或進口超市，季節性可以看到芝麻葉而已，因為找不到材料，基本上根本沒有辦法自己在家裡面做。但是大概兩年前開始，台灣也買得到韓國的芝麻葉了。

韓國料理中芝麻葉常常被使用，除了沙拉或是小菜，海鮮蒸物以及辣魚湯裡面也時常看到，還會拿來包蔬菜，或是包著肉一起煎，應用範圍很廣泛，不會怕買了一包芝麻葉卻不知道怎麼用。在這裡我也會將辣與不辣的醬漬芝麻葉教給大家。

辣芝麻葉在一般韓國小吃店其實很少見，因為保存時間比較短，都是自己在家裡做成小菜，或是高級一點的套餐裡面可能有。辣芝麻葉基本上調味很足夠，大多是單片拿起來包飯吃，或是剪開後拌飯，搭配一些肉吃。

還要提醒大家，韓國的芝麻葉跟日本的紫蘇葉不一樣，韓國芝麻葉大多跟手掌一樣大，適合包著吃，香氣會在拍打還有咀嚼時變得很濃郁，雖然被翻譯為芝麻葉，但其實吃起來並沒有芝麻的味道，而是清新的香草味。

製作時間 30 分鐘，不用發酵
保存期限 10 天，逐漸變鹹
最佳嘗鮮期 3-7 天

辣芝麻葉

主要食材

韓國芝麻葉 40 片
白芝麻粒 3g

醃漬醬料

醬油 80g
韓國粗辣椒粉 15g
白砂糖 20g
芝麻油 10g
白芝麻粒 15g
蒜末 10g
水 30g

作　法

1 將芝麻葉**清洗後瀝乾**。

POINTS 葉子洗完一定要瀝乾，不然醬料會變得水水的，味道被稀釋。

2 均勻攪拌醃漬醬料的材料。

3 準備一個平底寬口容器，抹上一點醬料，鋪上一片芝麻葉、**抹上少許醬料**，重複疊五片後，**將芝麻葉頭尾換方向擺放，然後再疊五片，再轉方向疊，直到全部疊完為止**。（如圖 A、B、C）

POINTS 葉片之間塗太多醬料不會比較好吃，反而容易太鹹。剛塗完醬料時看起來乾乾的很正常，之後才會出水。

POINTS 芝麻葉很薄，單夾一片不好夾，而且筷子重複夾取很容易污染到其他芝麻葉，一次疊五片差不多是每次夾取的量，剩下的繼續冷藏。

4 塗好醬料的芝麻葉放入冰箱冷藏 1-2 天後就可以吃，不用特別久放。

A 容器底部先抹一點醬料，鋪上一片芝麻葉後，再抹少許醬料。

B 芝麻葉以同方向疊完五片之後，要轉方向擺放，方便吃的時候可以一次夾取。

C 然後以同樣方式，疊完所有芝麻葉。

醬油芝麻葉

主要食材

韓國芝麻葉 40 片

裝　飾（可省略）

紅辣椒 5g _ 切圓片
白芝麻粒 2g

醃漬醬料

洋蔥 100g _ 切片
青蔥 2 根 _ 切段
綠辣椒 3 根 _ 切段
乾辣椒 6 根 _ 切段
昆布 5g
醬油 100g
白醋 60g
玉米糖漿 40g
白砂糖 20g
水 200g

作　法

1 將芝麻葉清洗後瀝乾。

2 將紅辣椒切圓片，洋蔥切大片，青蔥、綠辣椒、乾辣椒切段。

3 用中小火將醃漬醬料的材料放入鍋中滾煮約 7-8 分鐘。

4 將昆布、蔬菜取出，**只取醬汁使用**，讓滾煮過後的醬汁自然降溫。
POINTS 蔬菜容易變質或搶味，所以只取醬汁去醃漬。

5 準備一個平底寬口容器，鋪上一片芝麻葉、放上一點紅辣椒片，重複疊五片後，**將芝麻葉頭尾換方向擺放，然後再疊五片後，再轉方向疊，直到全部疊完為止**。

6 最後倒入放涼的醬汁，撒上白芝麻，放進冰箱冷藏 3 天後就可以食用。（如圖 D）

D 將芝麻葉與辣椒片交錯疊放後，倒入放涼的醬汁浸漬。

如果是吃素的人，可以拿掉蒜頭 yo。

專欄

芝麻葉飯捲

醃漬好的芝麻葉，可以拿來做成長形或圓形的飯捲（깻잎쌈밥）。因為需要花時間慢慢捲，所以在韓國餐廳也不容易吃到。外型小巧可愛，一口一個剛剛好，醃漬過的味道讓飯的美味更升級。

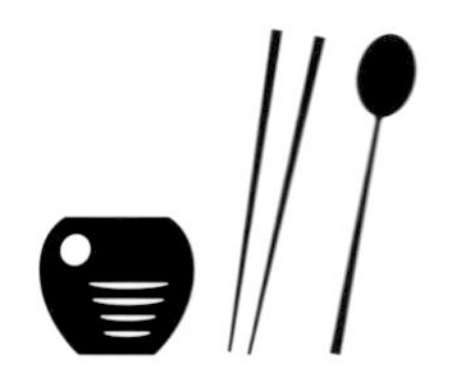

長形飯捲

作法

1 桌面先鋪保鮮膜，準備三片芝麻葉，交疊鋪排成一列，然後上面鋪上一層米飯。

2 將自己喜歡的配料切絲，鋪到飯上（這邊使用的是韓式黃蘿蔔、紅蘿蔔、紅辣椒、醃漬蓮藕）。（如圖A）

3 利用保鮮膜將飯捲捲起來，定型後即可切成適口大小。（如圖B、C）

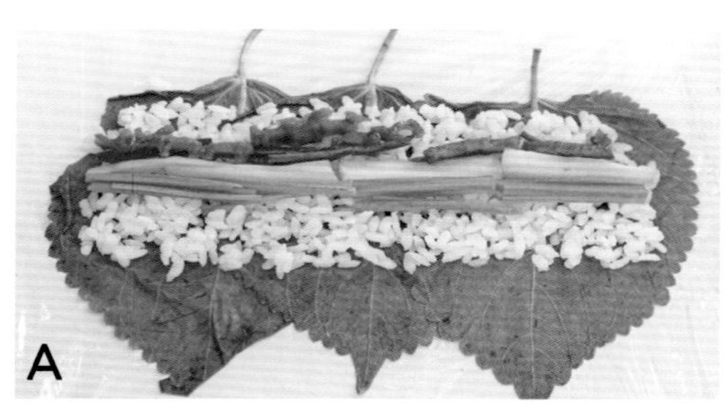

A

B

C

圓形飯捲

作法

1 在飯裡混入喜歡的配料（這裡是用紫米飯加切細丁的韓式黃蘿蔔、紅蘿蔔、紅辣椒），搓成小圓球後放到芝麻葉上，從葉梗端往中間折起來。（如圖A）

2 接著再將芝麻葉依序從兩側、尖端往中間折，定型。（如圖B、C）

3 再用手稍微塑形、捏圓即可。（如圖D）

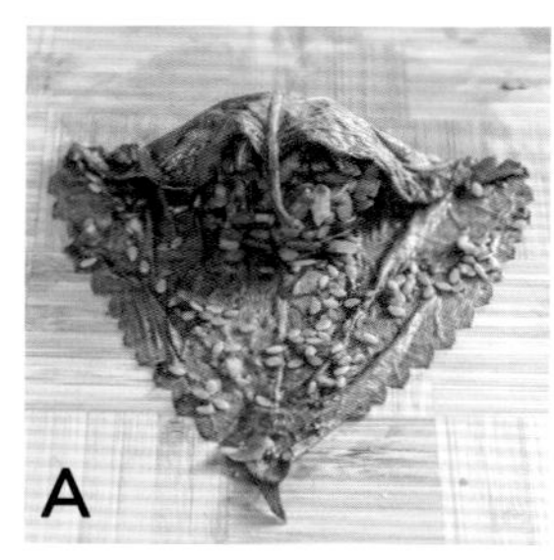

A

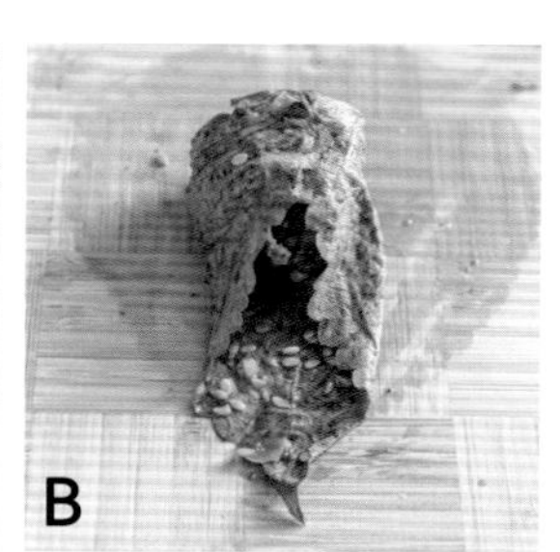

B

C

D

糖醋醃大蒜 冷

마늘 장아찌 maneul jang-ajji

大蒜，是韓國菜不能缺少的食材之一，調味還有香氣都靠它。大蒜是一個很健康的食材，也因為這樣我很愛單吃大蒜。但是大蒜如果生吃或單吃，味道很辣很嗆，所以在韓國會將大蒜單獨做成一種醃漬菜，讓它的味道變得比較溫和好入口。而且因為醃好後可以放比較久，很多店家經常備有這道小菜，醃成一罐罐展示以外，也會跟著泡菜一起給客人。

主要食材

大蒜 30 顆

TIPS：大蒜要買有皮的自己剝。市面上去好皮的蒜仁因為經過日光照射會變得綠綠的，看起來比較不漂亮（圖左）。當然，味道本身沒有什麼差別。

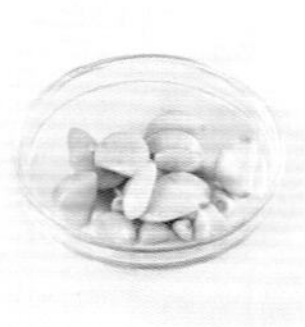
市售蒜仁
顏色會變綠

現剝蒜仁
顏色較漂亮

醬汁 1

白醋 100g
水 200g
海鹽 5g

醬汁 2

醬油 100g
白砂糖 100g
米酒 100g

作　法

1 大蒜去皮後洗淨，用乾淨的布擦乾。

2 **將大蒜放入保存容器中後，倒入混合好的醬汁 1。**

POINTS 使用可密封的玻璃容器，使用前先用滾水消毒擦乾。倒入醬汁時盡量鋪滿，減少空氣。

3 將容器用鋁箔紙包起來，放在陰涼的地方，不要接觸到陽光，室溫靜置 7 天。

4 7 天後將醬汁 1 倒出，大蒜留在容器中。在醬汁 1 中加入醬汁 2 的材料，滾煮 1 分鐘後自然降溫到約 60 度（微燙），再倒回裝大蒜的容器中。一樣室溫靜置 7 天。

5 7 天後再將醬汁倒出來，再次滾煮 1 分鐘後自然降溫到約 60 度（微燙），再次倒回容器中。

6 放涼後，放入冰箱冷藏 7 天後即可食用。

★ 吃之前夾需要的量出來，避免一直開開關關，夾取的筷子必須保持乾淨、乾燥。

★ 建議一次做多一點量，醃大蒜可以在不開封的情況下冷藏久放。如果一次做大盒，吃完一些後就把容器換成小盒，讓空氣變少。

★ 如果想要讓大蒜看起來更有高級感，可以改用整顆蒜球下去醃漬，不用去皮，切半即可。建議挑選由 6 顆大小均勻的蒜瓣組成的蒜球，模樣會最漂亮。

製作時間　30 分鐘，不用發酵，
但需要時間入味與軟化

保存期限　開封後 1-2 個月

最佳嘗鮮期　21 天後

醬漬鮮菇 冷

버섯 장아찌 beoseos jang-ajji

這道菜大部分的菇類都適合，可以單獨一種，或是像我混合幾種不同的，讓口味更多變化。但要記得混合不同種香菇的時候，盡量挑選大小差不多的種類，入味比較平均。這道小菜醃好後的口味酸酸甜甜的，吃起來很清爽 yo ！

主要食材

秀珍菇 100g
黑木耳 50g
鴻喜菇 100g _ 剝成小株
綠辣椒 3 根 _ 斜切片
紅辣椒 1 根 _ 斜切片
蒜仁 30g _ 切厚片

醬　汁

醬油 200g
水 200g
白醋 180g
白砂糖 150g
米酒 100g

作　法

1. 將所有的醬汁材料放入鍋中滾煮約 30 秒，放涼備用。
2. 準備一鍋熱水，汆燙所有的菇類，**取出後將水擠乾**。
   POINTS 菇類的水分很多，先擠乾的話，醃漬的味道才不會被稀釋掉。
3. 保存容器事先用滾水消毒擦乾後，先放入擠乾的綜合菇類，再放入切片的辣椒與蒜仁，然後倒入放涼的醬汁。
4. 放在冰箱 1 天之後就可以食用。

製作時間　15 分鐘，不用發酵
保存期限　5-7 天
最佳嘗鮮期　3 天

這道菜只要把蒜頭拿掉，素食的朋友也可以吃 yo。

大醬糯米椒 冷

된장 고추 장아찌 doenjang gochu jang-ajji

這道小菜在韓國的餐廳已經幾乎吃不到了，除非你到比較鄉下或是比較傳統的餐廳才會有。在古早以前，韓國沒有冰箱，所以許多蔬菜都是靠大醬、辣醬、醬油來醃漬保存食用。也因為這樣，這道菜原本是比較重口味的，我在這邊做了一些調整，沒有另外加鹽巴。我的奶奶很喜歡這道小菜，常常搭配著白飯食用，真的很下飯。

製作時間 15 分鐘，不用發酵
保存期限 14 天
最佳嘗鮮期 7-10 天

主要食材

糯米椒或青辣椒 500g

TIPS：在韓國會用辣的青辣椒製作，在台灣可以用不辣的糯米椒。

醬　料

韓國大醬 500g
玉米糖漿 100g
韓國辣椒醬 100g
韓國細辣椒粉 20g
蒜末 20g

TIPS：如果覺得準備這些醬料有點麻煩，也可以直接購買綠色包裝的韓國「包飯醬」，使用分量約 720g。

裝　飾

白芝麻粒 適量

作　法

1. 糯米椒洗淨後瀝乾水分，用叉子將**糯米椒表面戳出幾個小洞**。（如圖 A）

   POINTS 戳洞可以讓醬料更快醃入味，如果沒戳洞，大約要放 3 週才會入味。

2. 將醬料的材料混合後，與糯米椒拌勻。

3. 放在冰箱冷藏 7 天即可食用，吃的時候再撒點白芝麻。過程中**每兩天就要翻拌一下**，加快入味速度。

   POINTS 因為醃漬過程中，辣椒水分會出來，所以約兩天要翻拌一次，讓醬料均勻入味。

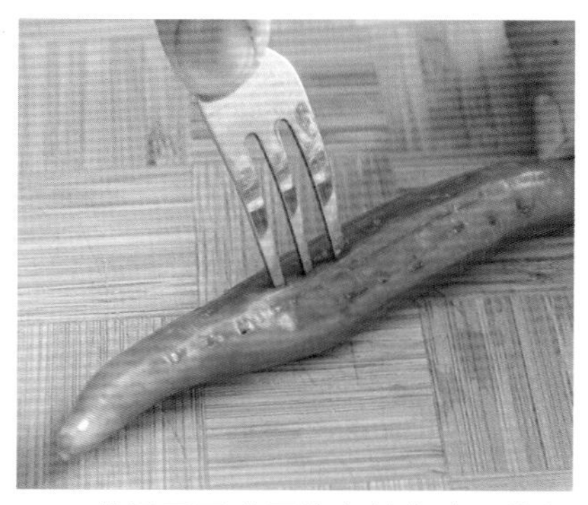

A 使用叉子或牙籤在辣椒表面均勻戳洞。

青蔥卷 冷

파장아찌 pajang-ajji

韓國人很愛烤肉，吃烤肉的時候喜歡搭配一些醃漬小菜來解膩開胃，像這道青蔥卷就很受喜愛，而且還可以拿來炒肉。韓國常用的蔥大部分都比較細長，偏向台灣的珠蔥，但其實台灣的青蔥並不會很嗆辣也很嫩，品質很好，所以不一定要用珠蔥，選擇細一點的蔥也一樣能製作這一道小菜。青蔥卷除了美觀之外，也方便拿取，如果使用的蔥比較粗大，吃的時候剪刀剪一剪，就可以搭配肉品享用。

製作時間　20 分鐘，不用發酵
保存期限　7-10 天
最佳嘗鮮期　3-5 天

主要食材

青蔥 500g
紅辣椒 2 根 _ 切小段
綠辣椒 2 根 _ 切小段
昆布 5g

醬　汁

水 400g
醬油 500g
白砂糖 250g
白醋 250g

作　法

1 青蔥清洗瀝乾後，將青蔥的頭、尾切掉，讓整根青蔥的長度和粗度均勻。（如圖 A、B）

2 每兩根青蔥打一個結。（如圖 C）

3 將青蔥打好結後，放入保存容器中，並加入昆布與切小段的紅、綠辣椒。

4 取一個小鍋子，將水、醬油、白砂糖先滾煮一下，之後加入白醋混合。

5 **將微熱的醬汁倒入步驟 3 的容器中，醬汁須醃過青蔥，於表面服貼一層保鮮膜後壓重盤**，接著放冰箱冷藏 1 天後即可食用。（如圖 D、E）

POINTS 醬汁一定要趁滾煮後微熱的時候加入容器中，這樣味道才會進去，而且青蔥的口感才會脆 yo。

POINTS 壓重物可以讓蔥確實浸泡在醬汁裡，如果是用密封罐的話就不用，裝滿即可。（如圖 F）

KAI心 TIPS

用珠蔥比較小枝，大概一個結一口，如果是一般青蔥比較大，先剪小段再吃比較好入口。

辣拌蒜苗 冷

마늘쫑 고추장 무침

maneuljjong gochujang muchim

這道菜在韓國原本是使用蒜苔製作，但是台灣這種蔬菜不好取得，所以改用蒜苗。台灣料理中的蒜苗比較多拿來炒，這裡要教大家另一種醃漬的吃法。一般像蒜苗這種長形狀的蔬菜，每一段最好切得差不多長，受熱跟調味才會一致。煮的時間也要注意，煮太久吃起來沒有口感，時間太短的話會有點辣。

製作時間 15 分鐘，不用發酵
保存期限 7-10 天
最佳嘗鮮期 5-7 天

主要食材

蒜苗 300g
大蒜 20g _ 切片

裝　飾

白芝麻粒 3g

醃醬料

韓國粗辣椒粉 40g
蒜末 15g
白砂糖 10g
醬油 10g
玉米糖漿 60g
韓國辣椒醬 80g

KAI 心 TIPS

這個醃醬料也很適合拿來拌其他有香氣的辛香料蔬菜，像是蔥、韭菜等。

作　法

1. 將蒜苗切除頭尾，中間切段後對切，葉子切段。（如圖 A）
2. 把醃醬料攪拌均勻備用。
3. 將蒜苗汆燙 50 秒後取出泡冷水，再擠乾水分。
4. 將蒜苗、大蒜與醃醬料抓醃拌勻，最後撒上白芝麻即可。

A 蒜苗切成一樣的長度，比較粗的白色部分要再對半切。

醬漬白蘿蔔 冷

간장 무 장아찌 ganjang mu jang-ajji

台菜還有客家菜中也有很多醃漬蘿蔔類的小菜，第一次在台灣吃到的時候，我就很想要跟大家分享韓國風味的醃蘿蔔。它可以被做成很多不一樣的形狀，有時是片狀，有時是方形，有時候是長柱形，但調味都差不多。這次教大家的是長柱形的醬漬白蘿蔔。我自己上菜的時候，還會在這道菜上淋些許的芝麻油增加香氣 yo ～

製作時間 15 分鐘，不用發酵

保存期限 1 個月

最佳嘗鮮期 7-14 天

主要食材

白蘿蔔 3kg

醃醬料

玉米糖漿 500g

TIPS：沒有玉米糖漿可以用 250g 砂糖代替。

海鹽 50g

醬油 500g

米酒 200g（自由選用）

配　菜 搭配醬漬白蘿蔔 1 份（150g）

紅蘿蔔 30g _ 切細絲

蔥花 30g

白芝麻粒 3g

韓國粗辣椒粉 5g

芝麻油 15g

作　法

1 白蘿蔔清洗之後，不用去皮，切成 2.5 公分厚的三角長柱狀。

2 **切好的白蘿蔔先加入玉米糖漿拌勻後，放入保存容器中靜置 1 個小時。**

POINTS 糖與鹽的粒子大小不同，醃入食材中所需的時間不同，如果同時醃的話，糖會無法充分進入白蘿蔔裡，所以要分先後。

3 之後加入海鹽、醬油、米酒於容器中，**包覆保鮮膜，放重物壓在最上方，讓白蘿蔔完全浸泡在醃漬的醬汁中**，放入冰箱冷藏 7 天後可以食用。

4 要吃時把醬漬白蘿蔔切片，再拌入紅蘿蔔絲、蔥花、白芝麻粒、粗辣椒粉，並淋上芝麻油即可。

如果家裡有小孩要吃，米酒可以用等量的水替代 yo。

韓式黃蘿蔔 冷

단무지 danmuji

在韓國，當我們吃韓式飯捲跟炸醬麵的時候一定會有這道小菜，不過現在家庭也比較少自己做，因為外面買很方便。在台灣我有看過類似的醃漬黃蘿蔔，外型很像，但是台式的比較偏酸跟甜，韓式黃蘿蔔吃起來也沒有那麼鹹，口味不同 yo。

製作時間 30 分鐘，不用發酵
保存期限 1-2 個月（冷藏不開封）
最佳嘗鮮期 8 天後可以吃（但還沒上色，上色要 3-4 週）

主要食材
白蘿蔔 1kg

鹽漬材料
海鹽 150g
白砂糖 50g

醃醬料
水 1000g
白醋 250g
白砂糖 400g
薑黃粉 8g（或甜菜根粉 5g）

TIPS：加入薑黃粉，白蘿蔔就會染成最常見的黃色，用甜菜根粉則可以染成紅色系，也可以嘗試用其他顏色的蔬菜粉調色，做成彩色蘿蔔。

作 法

1. 將白蘿蔔清洗乾淨，不用去皮，直接切成大塊的三角長柱狀即可。
2. 用海鹽、白砂糖抓醃白蘿蔔後，放入保存容器內冷藏 2 天，直到蘿蔔變得有彈性，凹折也不會斷。（如圖 A）
3. **水中加入白砂糖、薑黃粉**，煮滾後再加入白醋，關火。煮好的醬汁會是明亮的黃色。（如圖 B）

   POINTS 薑黃粉是蘿蔔的黃色來源，如果想要顏色更深一點，可以多加點薑黃粉。
4. 取出醃了 2 天的白蘿蔔洗淨後，趁醬汁還熱時，完整泡入醬汁中。（如圖 C）
5. 蓋上蓋子，在室溫下放 3 天後，**再放到冰箱冷藏 3 天即可食用**。

   POINTS 這時已經是好吃的味道，但如果想要讓白蘿蔔均勻變色，必須放 3-4 週。

A

B

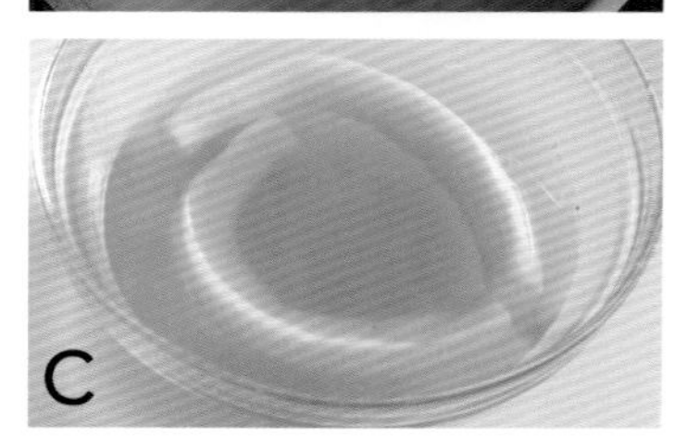
C

韓式黃蘿蔔的吃法多元，可以跟辣椒粉拌炒成炒蘿蔔乾，或是炒菜的時候加一些進去炒，當然也可以直接配白飯或拉麵吃。盛盤時，也可以搭配跟「醬漬白蘿蔔（P.107）」一樣的配菜。

柚子蘿蔔 冷

유자향 무 절임 yujahyang mu jeol-im

台灣人很喜歡這道小菜。大部分的韓國人吃柚子蘿蔔都是配白飯，所以調味上會偏鹹；另外還有一種是用來搭配炸雞還有解饞時候吃的，所以鹹度上調整得比較清淡一些，台灣人比較喜歡這種口味。這道小菜的酸度有助於降低韓國炸雞的油味，讓人吃起來更清爽。

柚子蘿蔔的作法很簡單，在這邊教大家兩種作法，很推薦大家一起做！水果的香氣還有清脆的口感，小朋友會很喜歡，也非常適合素食的朋友喔。

製作時間　30 分鐘，不用發酵

保存期限　1-2 個月（不開封）

最佳嘗鮮期　1-2 天後

好書出版・精銳盡出

台灣廣廈國際書版集團
Taiwan Mansion Cultural & Creative

BOOK GUIDE

2022 生活情報・秋季號 01

知・識・力・量・大

美藝學苑

＊書籍定價以書本封底條碼為準

地址：中和區中山路2段359巷7號2樓
電話：02-2225-5777*310；105
傳真：02-2225-8052
E-mail：TaiwanMansion@booknews.com.tw
總代理：知遠文化事業有限公司
郵政劃撥：18788328
戶名：台灣廣廈有聲圖書有限公司

探心理・玩耍力・知識力・輕科普 創造屬於自己的美好生活

樂育兒・好教養・綠手指・養寵物 日常生活中的幸福時光

自癒力・享健康・不老化・遠疾病 天天打造驚人的自癒奇蹟

追時尚・學穿搭・漸健美・愛瘦身 打造理想中的魅力自我

瘋美食・玩廚房・品滋味・樂生活 尋找專屬自己的味覺所在

韓國口味（偏鹹）

主要食材

白蘿蔔 500g

鹽漬材料

海鹽 40g
白砂糖 40g

醃醬料

柚子茶醬 160g
白醋 120g
白砂糖 30g

裝　飾

黑芝麻 少許（可省略）

作　法

1. 將白蘿蔔切成 1.5 公分寬的粗長方條。
2. 取鹽漬材料與白蘿蔔混合抓醃後，放置 40 分鐘。
3. **將白蘿蔔表面的鹽洗乾淨後稍微瀝乾。**
   POINTS 沒有沖水洗過的話會太鹹。
4. 加入醃醬料後一起拌勻。
5. 取一個玻璃罐裝起來保存，靜置 40 分鐘後即可食用。

清淡口味（偏甜）

主要食材

白蘿蔔 500g

鹽漬材料

海鹽 40g
白砂糖 40g

醃醬料

柚子茶醬 50g
白醋 100g
白砂糖 80g
水 200g

作　法

1. 將白蘿蔔切成 0.2 公分厚的圓形薄片。
2. 取鹽漬材料與白蘿蔔混合抓醃後，放置 20 分鐘。
3. **將白蘿蔔表面的鹽洗乾淨後稍微瀝乾。**
   POINTS 沒有沖水洗過的話會太鹹。
4. 加入醃醬料後一起拌勻。
5. 取一個玻璃罐裝起來保存，靜置 20 分鐘後即可食用。

兩種口味的柚子蘿蔔作法是一樣 yo ！只是如果切長條狀比較厚，就要比較久才能入味，如果是薄片的話就會比較快。兩種形狀口感不同，選擇喜歡的就好了，也有人會切成小方塊。

醬蟹 冷 간장 게장 ganjang gejang

很多人想學這道菜。做這道菜可以使用冷凍的螃蟹，如果你想用生螃蟹，我會建議先將螃蟹放到冷凍庫讓牠呈現半結凍的狀態，再放到醃醬中醃漬，肉質口感會比較好。如果直接把整隻新鮮的螃蟹放到醃醬中的話，牠的肉跟蟹殼可能會變得很軟爛，反而吃不到蟹肉的口感。此外，製作時要注意衛生，因為這道螃蟹是生的，必須要將做這道菜的器具先消毒乾淨 yo。

製作時間 40 分鐘（不含冷凍螃蟹）
保存期限 冷藏 7 天內，冷凍 1 個月
最佳嘗鮮期 醃製 3-5 天就可以食用

主要食材

螃蟹 1kg

醃醬料

青蔥 50g _ 切長段
洋蔥 150g _ 切大塊
蒜仁 30g _ 切厚片
乾香菇 15g
乾辣椒 5g
蘋果 100g _ 切船型狀
薑 30g _ 切片
水 3000g
醬油 450g
白砂糖 350g
味醂 120g
白或黑胡椒粒 5g
昆布 10g

配　料

洋蔥 150g _ 切大塊
蒜仁 30g _ 切厚片
青蔥 50g _ 切長段
紅、綠辣椒 5 根 _ 斜切半
檸檬 1/2 顆 _ 切圓片

作　法

1 **將新鮮的螃蟹清洗乾淨後冷凍約 2 小時，冰到約三分之一結凍即可**。

POINTS 使用冷凍螃蟹的話，清洗乾淨後退冰至半結凍的狀態。

2 **將螃蟹腳全部剪掉最後一截**。（如圖 A）

POINTS 這部分的蟹腳沒有肉，剪開後也會比較容易入味。

3 將除了昆布之外，所有醃醬料的材料放到鍋中滾煮 20 分鐘。

4 關火後放入昆布，待醃醬料冷卻備用。（如圖 B）

5 將保存用的密封容器用酒精消毒擦乾。（如圖 C）

6 把螃蟹放到容器底部，**再放入醃過螃蟹的醃醬料和配料**，接著進冰箱冷藏 3-5 天。（如圖 D、E）

POINTS 醃醬料一定要完全蓋過螃蟹，不然很容易壞掉。

7 冷藏 3 天後可以檢查，如果螃蟹肉看起來已經上色入味又充滿彈性，就可以吃了。（如圖 F）

做醬蟹一定要確保使用品質比較好的螃蟹。如果要吃比較久就放冷凍，大概可保存 1 個月，自然解凍就可以食用。

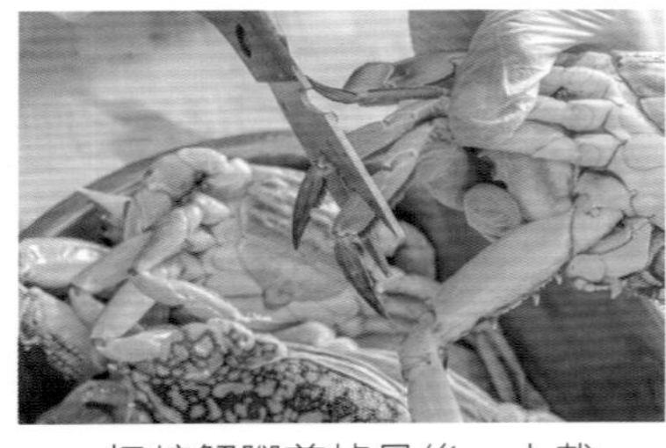

A 把螃蟹腳剪掉最後一小截。

B 除了昆布外的所有醃醬料滾煮後放涼。

C 生鮮食材容易滋生細菌，保存用的容器要徹底消毒。

D 把螃蟹放在最下層，確保醃醬料完全醃過螃蟹。

E 放上配料，然後倒入蓋過的食材的醃醬料。

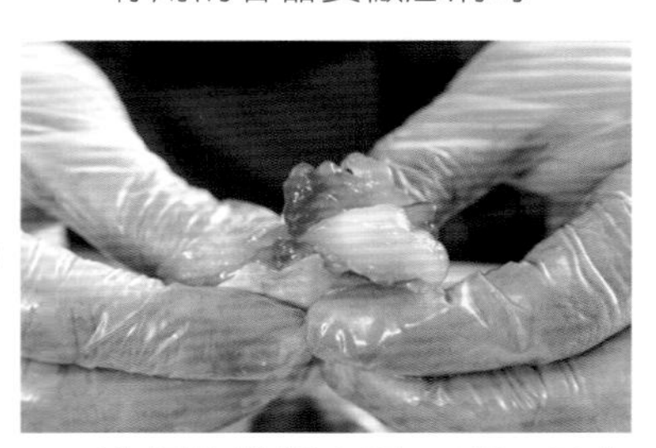

F 醃好的螃蟹肉質 Q 彈，只有一點點的透明感。

내가 가장 좋아하는 반찬을
같이 만들어요！
一起來做我最愛的韓國小菜吧！

CHAPTER 5

涼拌小菜

무침 반찬

大醬青蔬 冷

시금치 된장 무침 sigeumchi doenjang muchim

這個大醬食譜可以用在很多綠色蔬菜上面，只要是汆燙後好吃的蔬菜，擠乾水分後，都可以搭配這個醬料來使用 yo ！

製作時間 15 分鐘
保存期限 3 天
最佳嘗鮮期 3 天內，建議少量製作

主要食材

菠菜 200g

TIPS：小松菜或是高麗菜等綠色葉菜都可以。

水 500g

鹽巴 15g

醬　料

韓國大醬 20g

蒜末 10g

玉米糖漿 10g

韓國粗辣椒粉 3g

白芝麻粒 3g

芝麻油 10g

裝　飾（可省略）

紅、綠辣椒 少許 _ 切斜片

作　法

1 準備加了鹽的滾水鍋，**把菠菜連頭一起放入鍋中**，回滾後即取出放入冷水中降溫。（如圖 A）

POINTS 這樣葉菜才不會一根一根分開，方便汆燙、擠水哦！

2 接著**把菠菜整株抓起來，從上往下用手擠乾水分**，再把頭切除，並切長段。（如圖B）

POINTS 從根部往葉子的地方擠水，水分可以擠得比較乾淨。

3 將韓國大醬、蒜末、玉米糖漿、粗辣椒粉加入菠菜中，混合均勻。

4 再拌入芝麻油、撒上白芝麻，以紅、綠辣椒片裝飾即可。（如圖 C）

A
B
C

辣拌小黃瓜 冷

오이 고추장 무침
oi gochujang muchim

製作時間 15 分鐘
保存期限 3 天
最佳嘗鮮期 2 天

主要食材
小黃瓜 4 條 _ 切段
洋蔥 100g _ 切絲
TIPS：小黃瓜如果尾端變細，表示水分不足、營養不夠，粗度均勻的會比較好吃。

醃漬材料
白醋 30g
白砂糖 15g
鹽 3g

醬 料
韓國辣椒醬 30g
韓國粗辣椒粉 10g
玉米糖漿 35g
蒜末 10g
芝麻油 10g
白芝麻粒 3g

作 法
1 **小黃瓜先用鹽（材料分量外）搓一搓表面，沖水洗淨。**（如圖 A）
POINTS 小黃瓜表面一顆一顆的突起是苦味來源，因此要用鹽搓掉。

2 **切掉小黃瓜頭尾後，比較粗的那一端削除外皮，接著直切四等分，再去掉中間的籽，切成長條。**（如圖 B、C）
POINTS 頭尾跟前端的外皮也會有一點苦，中間籽的地方軟軟的，口感比較不好。

3 將洋蔥切絲備用。

4 將切好的小黃瓜加入醃漬材料，抓醃一下靜置約 5 分鐘後，瀝掉出水。

5 均勻混合醬料後，放入醃過的小黃瓜與洋蔥絲拌勻就可以食用。

A

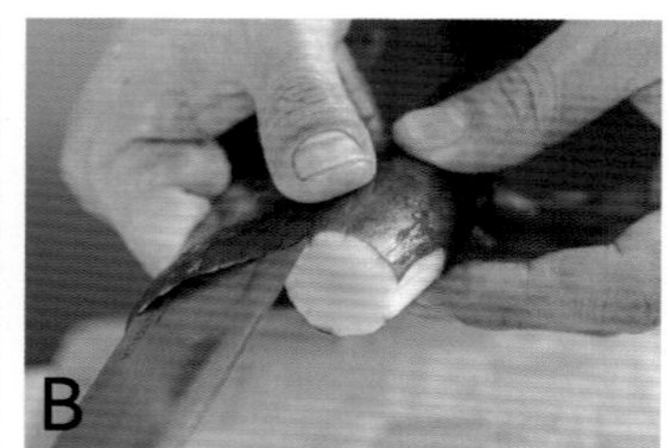
B

C

這道小菜味道有點酸甜，很適合當夏天的開胃菜。小黃瓜是我很喜歡的蔬菜，有很清新的味道，又很好取得。喜歡海鮮的朋友，可以加少量汆燙過後的花枝或是中卷、章魚、蝦子一起拌一拌，把這道小菜升級，但比例上小黃瓜還是主角 yo ～

涼拌海苔 冷

김 무침 gim muchim

「김」是韓國的海苔，可以直接吃或用在沙拉與湯品，跟韓國的海帶芽「미역」不一樣，海帶芽大多是乾貨，泡水後做涼拌菜或是燉煮使用。

韓國有各式各樣的海苔，韓國也非常專注在海苔的製作上面。海苔就是小孩子的零食，所以家裡面一定會有，且每個人偏好的風味都不太一樣。這裡我使用的海苔是平常我用來包飯捲，原味沒有加麻油的海苔片。

主要食材

海苔（大張） 20 片
紅蘿蔔 30g _ 切細絲
蔥花 20g

醬　料

蒜末 10g
醬油 30g
玉米糖漿 30g
芝麻油 30g
白芝麻粒 3g

作　法

1 取兩張海苔片，海苔光滑的一面相對夾在裡面，放在瓦斯爐上方，來回揮動幾回，把海苔兩面烤到有點脆跟香氣出來。（如圖 A）

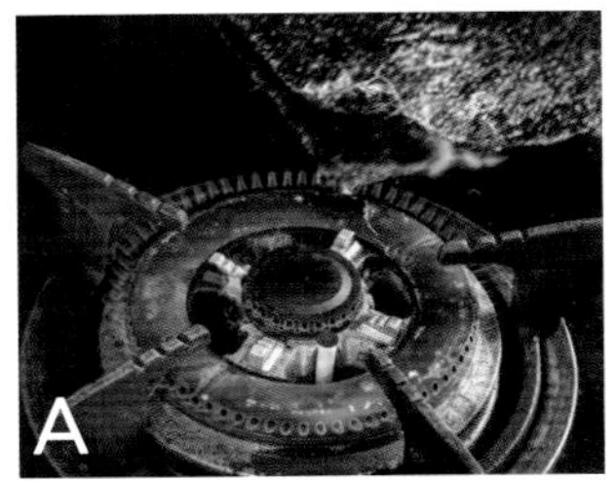
A

2 用手把烤好的海苔撕小塊（也可以用切的），紅蘿蔔切成細絲。（如圖 B）

B

3 均勻混合醬料的材料後，跟海苔碎片、紅蘿蔔絲、蔥花拌一拌即完成。

涼拌海苔可以跟炒蛋或是荷包蛋一起食用，拌飯也可以，我的話喜歡跟泡菜一起配飯吃。

製作時間　15 分鐘
保存期限　2 天
最佳嘗鮮期　現做現吃，海苔的口感和香氣比較好。

芝麻醬鴻喜菇 冷

버섯 깨소스 무침 beoseos kkaesoseu muchim

菇類小菜比較少做辣的，因為大部分的菇類跟辣椒粉不太合適，搭配醬油比較對味。平常我做菇類小菜的時候會加一些些韓國芥末醬，但是在台灣不好買，可以改加少許的山葵醬或是西式的芥末醬替代。在韓國我們喜歡用手直接剝開鴻喜菇或是秀珍菇，比用刀切平整好入味，整體形狀也比較漂亮。

製作時間 20 分鐘
保存期限 3 天
最佳嘗鮮期 3 天

主要食材

鴻喜菇 200g
紅蘿蔔 30g _ 切絲
洋蔥 50g _ 切絲
料理油 30g

醬　汁

白芝麻粒 3g
蒜末 10g
白砂糖 15g
白醋 30g
醬油 10g
芥末醬 5g
芝麻油 5g

作　法

1 將鴻喜菇切掉根部、剝成小株，洋蔥與紅蘿蔔切細絲。

2 熱鍋下油，先放入鴻喜菇炒至全熟，要炒到出水、香氣出來。

3 再加入紅蘿蔔絲與洋蔥絲拌炒約 30 秒，**不用炒軟，盛到大盤子裡攤開放涼**。（如圖 A）

POINTS 炒太軟的話就會出水，而且沒有口感。

4 **把芝麻粒磨碎**，和其他醬汁的材料一起混合均勻。

POINTS 沒有工具也可以用手用力搓壓芝麻，讓香氣釋放。

5 將醬汁倒入炒好的步驟 3 食材中，拌勻即可食用。

A 食材炒好後放到大盤子平鋪，這樣散熱才會快，避免水分悶在裡面。

炒類小菜的重點之一就是水分少，因為這樣才能保存比較久。而且水分變少、食材收縮，同一道小菜就不會吃太多，而是吃很多種小菜，這點與西方沙拉的量比較大有明顯飲食差異。此外，通常也不會在炒的時候加鹽等調味料，而是炒熟後再把醬汁拌進去。

豆腐拌菠菜 冷

製作時間 15 分鐘
保存期限 3 天
最佳嘗鮮期 1-2 天

시금치 두부 소스 무침 sigeumchi dubu soseu muchim

豆腐搭配芝麻油的味道很好，台灣有很多很不錯的板豆腐，大多時候我買到的菠菜也很嫩與不苦。第一次做這道菜給台灣的朋友時，他們都很驚訝可以這樣搭配。日本也有類似的料理，不過日式作法比較清淡，而韓國會加大蒜這類重的口味，吃起來比較鹹，是用來配飯吃的。

主要食材

菠菜 200g
板豆腐 100g

醬　料

白芝麻粒 20g
白砂糖 10g
鹽 2g
芝麻油 10g

菠菜的調味料

蒜末 10g
芝麻油 15g

工　具

紗布或蒸籠布

作　法

1 菠菜連根放入加了鹽（材料分量外）的滾水中**汆燙約 30 秒**後，放入冷水中冷卻，再用手從根部往葉子的方向，把水分擠乾。

POINTS 菠菜不要燙太久免得過爛，要保有一點脆脆的口感。

2 把菠菜的根切除，並切長段後，加入蒜末跟芝麻油拌一拌。

3 整塊豆腐放入滾水中滾煮約 2 分鐘後放涼。

4 將豆腐放入紗布或蒸籠布中，用手擠乾水分。（如圖 A）

5 白芝麻粒磨碎後，倒入混合好的其他醬料中。（如圖 B）

6 把擠乾的菠菜、豆腐，跟醬料混合均勻即可食用。（如圖 C）

A 用紗布把整塊豆腐包起來後，用力擠出水分。

B 白芝麻粒不需要磨到全碎，約三分之二成粉狀即可，這樣吃起來有不同口感。

C 確認菠菜跟豆腐的水分都擠乾後，再加入醬料，用手拌一拌。

芥末豆芽菜 冷

콩나물 냉채 kongnamul naengchae

夏天很適合吃這種豆芽小菜，滿滿的脆爽口感。這道菜其實是韓國的中式餐廳才會出現的小菜，配方中沒有用到韓式料理經典的芝麻油、辣椒粉等，而是以醋、黃芥末醬來調味。推薦給喜歡重口味的朋友，天氣熱的時侯吃起來相當開胃喔。

製作時間 20 分鐘
保存期限 3 天
最佳嘗鮮期 1-2 天

主要食材

黃豆芽菜 200g
小黃瓜 100g _ 切絲
紅蘿蔔 40g _ 切絲
蟹肉棒 30g
海鹽 5g

醬　料

黃芥末醬 20g
白砂糖 15g
檸檬汁 15g
蒜末 10g
白醋 30g

裝　飾（可省略）

辣椒絲 少許
白芝麻粒 少許

作法

1. 滾水鍋中加入鹽，**杀燙豆芽菜 3 分鐘，過程中需加蓋**。
   POINTS 煮豆芽時蓋鍋蓋燜煮，可以煮掉豆芽菜的生味。
2. 將燙好的豆芽菜以冷水浸泡降溫後將水濾出。
3. 取所有醬料的材料混合均勻。
4. 小黃瓜與紅蘿蔔都切細絲。蟹肉棒也用手剝成絲狀。（如圖 A）
5. 將豆芽菜、紅蘿蔔絲、小黃瓜絲、蟹肉絲與醬料均勻翻拌即完成。

A 蟹肉棒也跟蔬菜一樣剝成絲，整體吃起來口感才會和諧。

涼拌茄子 冷

가지나물 gajinamul

茄子是具有天然紫色的蔬菜，營養很多，也可以豐富一道菜的色彩。這道菜吃起來甜甜的，口感相當軟。茄子很容易從外觀判斷是否煮熟了，在烹飪過程中怎麼保持它原本鮮豔的顏色也很重要。

製作時間 15 分鐘
保存期限 3 天
最佳嘗鮮期 2-3 天

主要食材

茄子 400g _ 切條
洋蔥 100g _ 切絲
辣椒 10g _ 斜切片
海鹽 10g
料理油 15g

醬　汁

醬油 30g
玉米糖漿 15g
蒜末 10g
芝麻油 10g
蔥段 20g
白芝麻粒 3g

裝　飾（可省略）

蔥絲 少許
白芝麻粒 少許

作　法

1. 茄子先切長段再切條狀，以海鹽抓醃後，靜置 5-8 分鐘讓它出水，再稍微沖水後擠乾備用。（如圖 A）
2. 將洋蔥切絲、辣椒切片備用。
3. 在熱鍋中加入料理油，開中火，加入茄子、洋蔥、辣椒，**快速拌炒 1-2 分鐘**。

   POINTS 火不用太大，放茄子後要快速拌炒，避免炒太久，茄子才不會變色。
4. 接著加入醬油、玉米糖漿、蒜末、芝麻油拌炒後，加入蔥段、白芝麻粒再翻炒 30 秒即可起鍋盛盤。
5. 最後放上蔥絲、撒上白芝麻粒點綴即可。

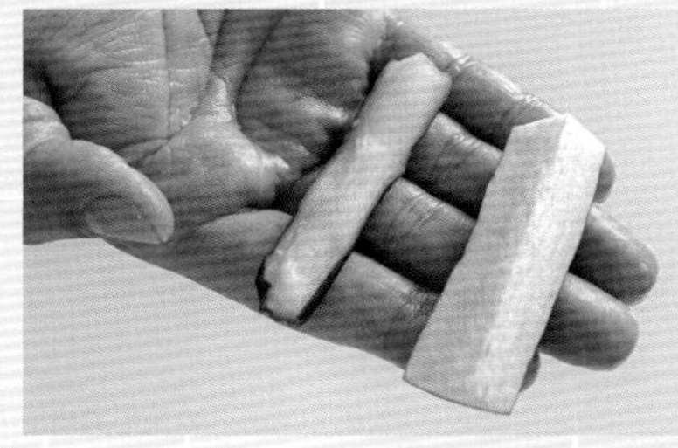

A 茄子用鹽醃過後要將水擠乾，這樣炒過後才不會出水。圖左為鹽醃後擠水的茄子，圖右為沒有處理過的茄子。

芝麻醬蕨菜 冷

고사리 나물 gosali namul

蕨菜在韓國是相當受喜愛的一道野菜，十分的營養，還有「山菜之王」的稱號，韓國人常常在拌飯或辣牛肉湯裡加入蕨菜一起吃。

蕨菜乾在料理前一定要先泡發！在水中至少要泡 24 小時，在這期間換水 4-5 次，最後再把水濾出擠乾，不然吃起來會帶有苦澀味。蕨菜乾除了用炒的，也可以汆燙後擠水，拌調味料一起吃。

製作時間 20 分鐘
保存期限 3 天
最佳嘗鮮期 2-3 天

主要食材

蕨葉乾 70g
蔥花 30g
蒜末 15g
芝麻油 40g

醬　汁

白砂糖 15g
醬油 15g
水 200g

作　法

1. 取蕨菜乾在水中泡至少 24 小時，在這期間水要換 4-5 次。
2. **確認蕨菜乾已經泡軟後**，將水濾出、擠乾，再切成大約 5-7 公分的長度。（如圖 A、B）
   POINTS 用手撕撕看蕨菜，如果可以輕易撕開就表示已經泡軟了。
3. 熱鍋開中火，加入芝麻油、蒜末、一半的蔥花一起爆香。
4. 炒至蒜香味出來後，加入蕨菜乾翻炒 2 分鐘。
5. 再加入醬汁的材料調味，一直拌炒至蕨菜乾變軟、鍋中收汁後，再加入剩下的蔥花即完成。（如圖 C）

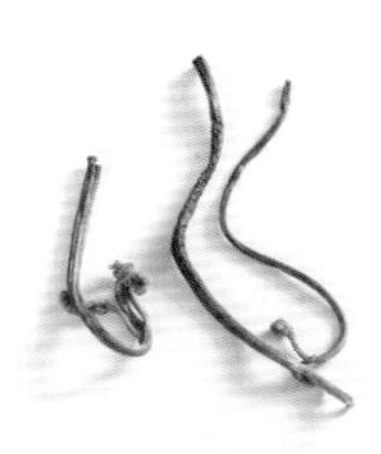
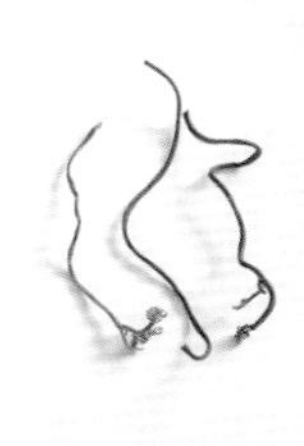

A 蕨菜乾泡水後體積會明顯脹大，圖左是泡發後，圖右是泡發前。

B 用手撕蕨菜乾，如果可以自然撕開就表示已經泡好了。

C 醬汁下鍋後，要一直炒到完全收汁為止。

涼拌炒蘿蔔絲 冷

製作時間 20 分鐘
保存期限 3 天
最佳嘗鮮期 2 天

무나물 볶음 munamul bokk-eum

這個小菜的主角就是白蘿蔔！白蘿蔔跟白飯一起食用的話，對於幫助澱粉的消化是很不錯的。炒好的白蘿蔔絲如果能加一些野生芝麻粉來增加香氣，味道會更好，但是如果買不到也沒有關係，可以加些許的韓國芝麻油或是野生芝麻油，這樣就很美味，且食材也很便宜。但如果是要做拌飯的話，在韓國就不會用這道涼拌炒蘿蔔絲，而是使用醃漬的蘿蔔絲，因為水分少，口感比較脆。

主要食材

白蘿蔔 200g _ 切細絲
料理油 20g
白砂糖 5g
水 50g
蒜末 15g
青蔥 20g _ 切粗蔥花
鹽 3-5g（看個人口味）
芝麻油或野生芝麻油 15g
野生芝麻粉 5g（自由選用）

TIPS：韓國野生芝麻粉通常要在網路或韓國食材專賣店才買的到，因為翻譯不同的關係，有的包裝上會寫「紫蘇籽粉」。

作　法

1 白蘿蔔去皮後，切成約 0.5 公分寬的絲。青蔥切成約 0.8 公分的小段。

2 加入料理油熱鍋，倒入白蘿蔔絲拌炒到有點透明後，加糖跟水，蓋上鍋蓋煮約 3-5 分鐘，直到白蘿蔔絲變軟。（如圖 A）

3 把蒜末、蔥花與鹽放入鍋中，再拌 30 秒即可關火。

4 淋上芝麻油，並撒上野生芝麻粉即完成。

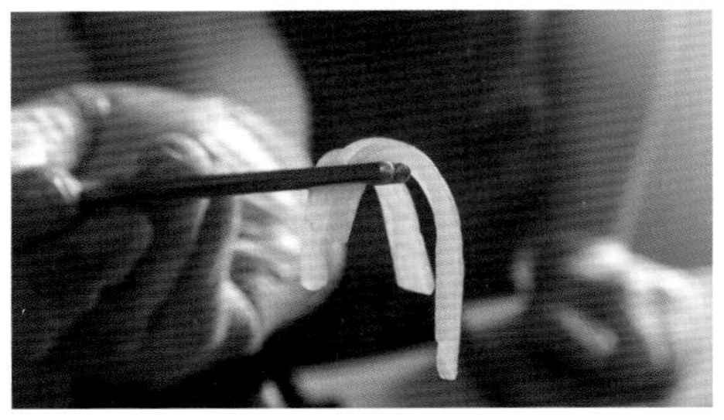

A 炒軟的白蘿蔔絲用筷子夾起來會自然彎曲下垂，顏色有一點透明。

辣拌花枝 冷

製作時間 20 分鐘
保存期限 2 天
最佳嘗鮮期 2 天

오징어 초무침 ojing-eo chomuchim

這道辣拌花枝很適合在午餐及晚餐吃，也非常適合拿來當下酒菜搭配燒酒，通常還會跟韓國細白麵條一起吃，是在四面環海的濟州島比較容易見到的小菜。

這道菜很容易出水，所以可以等要吃的時候再將蔬菜、醬汁、花枝一起混合。另外加入海藻、水梨、蘋果增加清爽口感，也很有風味。因為是跟海鮮很搭的醬，也可以加入其他自己喜歡的海鮮來做變化。

主要食材

花枝 300g（章魚、中卷也可以）
小黃瓜 100g _ 切粗絲
洋蔥 100g _ 切絲
紅蘿蔔 40g _ 切絲
芹菜 50g _ 切段
黃豆芽菜 100g
綠辣椒 1 根 _ 斜切片
紅辣椒 少許 _ 斜切片（裝飾用）
韓國細麵 100g（依喜好加入）
海鹽 10g
芝麻油 10g
白芝麻粒 5g
韓國海苔 5g

醬　料

韓國粗辣椒粉 20g
韓國細辣椒粉 40g
白砂糖 30g
玉米糖漿 35g
醬油 15g
白醋 60g
蒜末 15g
芝麻油 10g

作　法

1 把花枝的頭跟身體切分開，身體表面用刀斜劃細紋後，切塊再斜切片，放入加有海鹽的滾水鍋中汆燙 1-2 分鐘。（如圖 A、B、C）

2 將小黃瓜、洋蔥、紅蘿蔔切絲，芹菜切段，紅綠辣椒切片，**洋蔥切絲後泡在冷水約 10 分鐘**。

POINTS 這裡的洋蔥是直接生吃，先泡水才不會太辣。

3 汆燙黃豆芽菜約 3 分鐘後，放到冷水中冷卻備用。

4 韓國細麵煮 3 分鐘後，放到冷水中冷卻備用。

5 將所有醬料的材料混合均勻。

6 取燙好的花枝與醬料（芝麻油除外）、蔬菜（小黃瓜、洋蔥、紅蘿蔔、芹菜、綠辣椒）一起混合均勻後，再淋上芝麻油。

7 先將黃豆芽鋪在盤底，再放上調味好的花枝蔬菜料。

8 細麵繞圈成團後也擺上盤。（如圖 D、E、F）

9 最後放上捏碎的海苔、紅辣椒片、白芝麻粒即可。

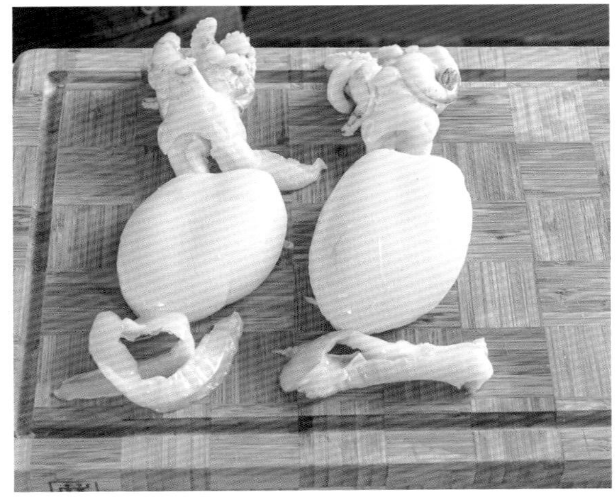

A 花枝洗淨後，分成頭、身體、腳三部分。

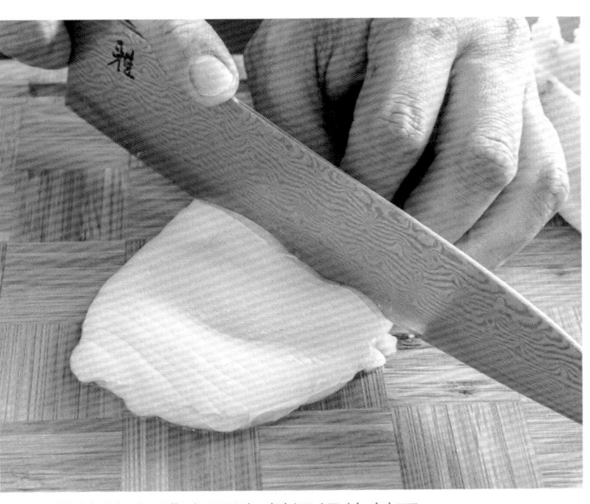

B 花枝的身體表面先劃細細的斜刀。

C 再逆著細紋斜切片。

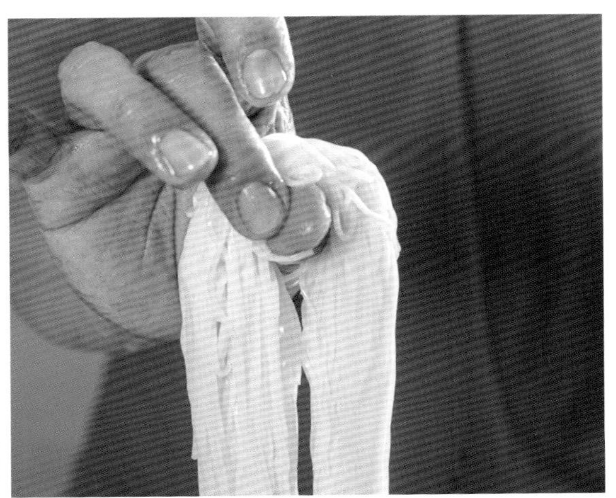

D 將煮好的細麵拉起來掛在拇指上。

E 以拇指為中心，把細麵繞兩圈。

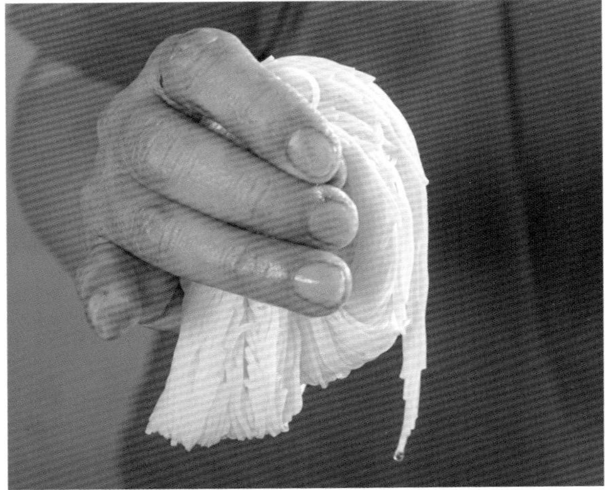

F 繞成一個圈後就可以擺盤了。

韓式沙拉蝦 冷

새우 잣 소스 초무침

saeu jas soseu chomuchim

這是很具有韓國傳統代表性的一道菜單，以前是比較宮廷的菜，看起來很華麗，使用的栗子、松子也都是高級的食材。特別是松子醬，在韓國可以算是一種特製的醬料，松子一定要先烘烤過風味才會好。

但在這道菜中我沒有把松子醬當成主角，而是以結合其他食材原味的方式來帶出蝦子本身的鮮甜。除了松子醬外，我也會教大家韓國傳統的紅棗捲片，這是宮廷菜很常用的裝飾，用在料理、甜點、茶品都很典雅。

製作時間 20 分鐘
保存期限 3 天
最佳嘗鮮期 2-3 天

主要食材

蝦子 10 隻
小黃瓜 50g _ 切圓片
TIPS：換成蘆筍的口感味道也很搭。
蘋果或水梨 100g _ 帶皮切片
新鮮栗子 4-5 顆
紅棗 5-6 顆
烤過的松子 10g

小黃瓜醃料

海鹽 5g
白醋 15g
白砂糖 15g

松子醬

烤過的松子 100g
檸檬汁 30g
鳳梨 40g
無糖美乃滋 100g
海鹽 2g

作　法

1. 蝦子去腸泥後，帶殼以滾水燙熟，放在冷水下降溫後，去頭尾並剝掉殼，再直切剖半（頭尾的殼留下來裝飾）。（如圖 A、B）
2. 小黃瓜切圓片後，用醃料拌一拌稍微靜置，再擠水並沖洗一下。
3. 將蘋果帶皮切成小的薄片。
4. 栗子切片。紅棗一部分切絲，一部分去籽後包松子捲起來。（如圖 C、D、E、F）
5. 將松子醬的所有材料放入調理機中打勻。
6. 最後將全部處理好的食材與松子醬一起拌勻即可。盛盤時可以利用蝦子的頭跟尾巴，做出漂亮的擺盤。

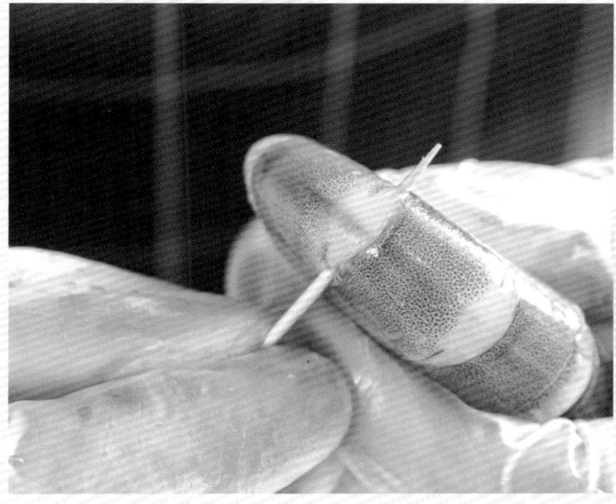

A 拿一根牙籤，從蝦子第 2-3 節的中間穿進去。

B 將牙籤往外拉出腸泥即可，不要太大力拉斷。

C 紅棗用刀子沿著籽劃一圈，切下果肉後攤開，再用刀壓平。

D 在紅棗上放 1-2 顆松子。

E 將紅棗緊緊地捲起來。

F 捲好後接口朝下，橫切成片狀，就是松子紅棗捲片。

芝麻生菜沙拉 冷

상추 참깨 샐러드
sangchu chamkkae saelleodeu

製作時間 20 分鐘
保存期限 2-3 天
最佳嘗鮮期 2 天

主要食材

綠花椰菜 50g _ 切小朵
板豆腐 50g _ 切片
紅蘿蔔 50g _ 切塊
小黃瓜 50g _ 切塊
櫻桃番茄 50g _ 切半
萵苣（或是菊苣）50g
花生綜合堅果 20g

醬　汁

白芝麻粒 60g
醬油 40g
水 100g
砂糖 30g
無糖美乃滋 40g

TIPS：如果用的是台灣的有糖美乃滋，將砂糖量減半。

橄欖油 15g
花生醬 40g
芝麻油 10g
白醋 10g

作　法

1 將綠花椰菜切小朵去硬皮、板豆腐切厚片、紅蘿蔔切塊，三種食材皆放入滾水中約 5 分鐘煮熟後放涼。

2 小黃瓜切塊，番茄切半，萵苣洗淨瀝乾。

3 **將白芝麻粒放在乾鍋上翻炒，直到芝麻的香氣出來，色澤呈現金黃色**。（如圖 A）

POINTS 一定要經過這道程序，芝麻的香氣才會濃。如果買到的是已經烘焙過的芝麻，就可以省略這個步驟。

4 將翻炒過的白芝麻粒、醬油、水放入調理機中打成細細的泥狀，再加入其他醬汁的材料混合均勻。

5 最後把所有處理好的食材擺盤，淋上醬汁即完成。

A 白芝麻粒要在乾鍋中翻炒到出現香氣與色澤。

韓國人很喜歡吃五穀堅果類，超市或是專門店有賣很多五穀堅果做的粉類，是很細緻的粉末。其中，特別喜歡拿芝麻入菜，我想可能是因為韓國的芝麻香氣很好，所以芝麻入菜的機會就增加許多。尤其是飯店的沙拉吧，其中一個沙拉醬大多是芝麻美乃滋醬，而這個醬料基本上比西餐沙拉的醬料要少一些用油量。這道菜是素食的口味，因為是冷吃的沙拉，豆腐跟汆燙過的蔬菜要先放涼再使用，也可以加入其他自己喜歡的食材來升級 yo ！

馬鈴薯沙拉 冷

감자샐러드 gamjasaelleodeu

韓國的馬鈴薯沙拉有時候會混蟹肉棒進去。韓國蟹肉棒的蟹肉含量比例比較高，很鮮甜，在台灣倒是不常見，也可以用火腿來取代。在韓國我們除了會把馬鈴薯沙拉單吃當小菜，也會做成三明治或是夾在迷你漢堡裡面，帶便當或是出外旅行吃都很方便。

製作時間 30 分鐘
保存期限 3 天
最佳嘗鮮期 2-3 天

主要食材

馬鈴薯 600g
雞蛋 2 顆
小黃瓜 50g _ 切碎丁
紅蘿蔔 40g _ 切碎丁
洋蔥 50g _ 切碎丁
蟹肉棒（或是火腿）100g
裝飾黑芝麻 適量

調味醬料

無糖美乃滋 150g
黃芥末醬 15g
白砂糖 25g
鹽 3g
黑胡椒粉 1g

作　法

1 馬鈴薯刷洗乾淨後切半，不用去皮，**蒸約 20 分鐘，全熟後取出放涼再去皮**。
POINTS 馬鈴薯先整顆蒸熟再去皮，口感會比較好。

2 **小黃瓜、紅蘿蔔分別切碎丁，抓一些鹽巴（材料分量外）鹽漬 5 分鐘後擠水，並用水沖一下、瀝乾**。洋蔥、蟹肉棒都切成碎丁。
POINTS 透過鹽漬讓水分流出，做成薯泥後就不會出水影響味道和口感。

3 雞蛋水煮 15 分鐘，放入冷水後把蛋殼剝掉。將 2 顆雞蛋的蛋白與蛋黃分開。

4 馬鈴薯用叉子壓成泥，把 2 個蛋白與 1 個蛋黃也壓碎，混合其他準備好的蔬菜（小黃瓜、紅蘿蔔、洋蔥）與蟹肉棒，把調味醬料混合好後倒入，拌勻。

5 將混合好的馬鈴薯沙拉盛盤，把剩下的 1 個蛋黃用篩網壓碎後連同黑芝麻一起裝飾。（如圖 A）

A 利用細篩網把熟蛋黃壓碎後撒在馬鈴薯沙拉上，增添香氣與口感，顏色也很漂亮。

可以另外準備吐司以及萵苣等生菜，把馬鈴薯沙拉、生菜夾進去吐司中，切成適口的大小，或是利用模具壓出造型，小孩子很喜歡 yo。

南瓜泥沙拉

冷

단호박 샐러드
danhobag saelleodeu

這道南瓜料理，必須要用比較少的水來處理，如果水分太多的話，南瓜的味道就會變淡。所以南瓜最好的方式就是先在烤箱中燒烤，如果沒有烤箱的話，先蒸熟再來料理也很方便。還可以加入地瓜跟水煮蛋變化很多南瓜沙拉的蔬食料理 yo。

製作時間 30 分鐘
保存期限 3 天
最佳嘗鮮期 2-3 天

主要食材

栗子南瓜 250g
蘋果 50g
杏仁片 15g
蔓越莓 30g
綜合堅果 20g

調味料

無糖美乃滋 60g
海鹽 1.5g
黑胡椒粉 1g

作　法

1. 將南瓜切半，挖除種籽並去皮。（如圖 A、B、C）
2. 南瓜切大塊狀，用電鍋蒸 5 分鐘左右至熟。
3. 蘋果切骰子狀，稍微過一下鹽水（材料分量外）避免氧化變黑後，備用。
4. 等蒸熟的南瓜放涼後，壓成略帶顆粒感的泥狀。
5. 最後加入調味料、蘋果、杏仁片、蔓越莓、綜合堅果一起**輕輕拌勻**即可。

POINTS 攪拌時不要太用力，以免南瓜、蘋果變得太軟爛，吃起來沒有口感。

A 刀子後半部比較好使力（不要用刀尖），放在南瓜正中間後用力壓下去，就可以對半切開。

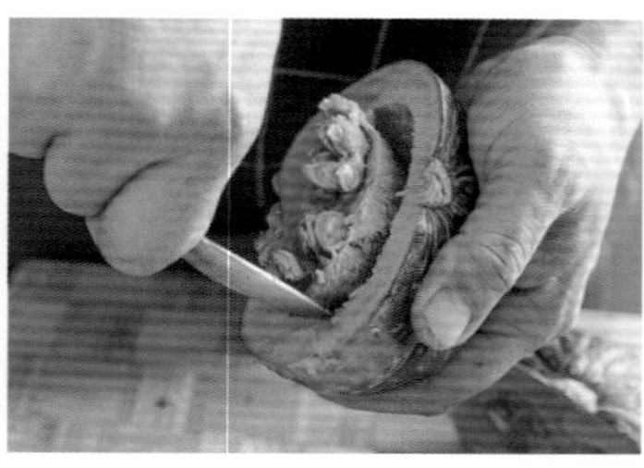

B 用湯匙把南瓜ㄇ間的籽和瓤挖除乾淨。

C 再把南瓜皮切除。不用到完全乾淨，留點綠綠的外皮很營養也有點口感。

CHAPTER 6

炒類小菜

볶음 반찬

炒時蔬雜菜 冷 熱

버섯 채소 잡채 beoseos chaeso jabchae

這邊的炒雜菜（잡채）跟一大盤當主菜的炒雜菜有一點點不同，小菜版的話，每個蔬菜沒有單獨炒，裡面基本上也沒有肉，適合當熱菜吃也能當涼菜來吃。平常在家裡我很推薦涼菜的吃法，作法簡單，而且放在冰箱隨時都能拿來吃，當然，喜歡吃熱菜的人也可以復熱，完全沒有問題。

製作時間 20 分鐘
保存期限 3 天
最佳嘗鮮期 熱吃現吃，冷吃 2 天內

主要食材

韓國番薯麵 300g
新鮮香菇 100g _ 切片
菠菜 100g _ 切段
紅蘿蔔 60g _ 切絲
洋蔥 100g _ 切絲
青蔥 60g _ 切段

醬　料

蒜末 15g
醬油 50g
蠔油 50g
白砂糖 25g
芝麻油 10g

煮麵水

水 2000g
白砂糖 50g
醬油 30g

裝　飾

白芝麻粒 3g

作　法

1. 將韓國番薯麵浸泡於水中約 1 小時。
2. 將紅蘿蔔、洋蔥切絲，菠菜、青蔥切長段，香菇切薄片備用。
3. 取水煮滾，加入白砂糖、醬油，再加入泡軟的番薯麵，煮 1 分 30 秒後撈起放涼備用。
4. 將醬料的材料約略分兩半。
5. 起鍋熱油炒香蒜末，加入燙過的番薯麵與一半的醬料翻拌，然後起鍋鋪平放涼。
6. 再起鍋熱油、炒香蒜末，加入所有蔬菜以及另一半的醬料，一起熱炒後**放入平盤冷卻**。（如圖 A）
   POINTS 蔬菜炒好要立刻起鍋，裝在可以攤開鋪平的容器上，不然熱氣燜在裡面，蔬菜容易黑掉。
7. 最後將冷卻的蔬菜與番薯麵拌在一起，撒上白芝麻即完成。

A

醬油炒魚板
辣炒魚板

冷 熱

간장 어묵 볶음 ganjang eomug bokk-eum
고추장 어묵 볶음 gochujang eomug bokk-eum

韓國靠海，以前有很多的魚貨，但為了方便保存，有些做成魚乾有些做成魚板，也因為這樣使用魚板入菜的菜色很多，除了可以做魚板湯之外，還做成炸物、魚板串、辣炒年糕，或是像今天我要教大家的炒魚板。

炒魚板可以做成兩種不同的口味，一種是辣味的，一種是不辣的，食材是一樣的只有醬汁不同。由於這道是小菜，冷藏隔天還要食用，不用加年糕進去喔！

有些人問我，可以用台灣的甜不辣嗎？我只能說口感不一樣，因為韓國魚板是片狀的，且含魚比例比較高，有名的釜山魚板幾乎都含 70% 的魚肉。

主要食材

韓國魚板片 200g
洋蔥 50g _ 切絲
紅蘿蔔 40g _ 切片
青蔥 30g _ 切段
蒜末 25g
料理油 20g
芝麻油 5g
白芝麻粒 3g

醬油炒魚板醬汁

水 50g
玉米糖漿 15g
白砂糖 10g
芝麻油 20g
醬油 30g
黑胡椒 少許

製作時間 30 分鐘
保存期限 2 天
最佳嘗鮮期 1-2 天，建議隔天吃完最美味，不用加熱

辣炒魚板醬汁

韓國粗辣椒粉 8g
韓國辣椒醬 10g
醬油 8g
蠔油 10g
玉米糖漿 18g
味醂 8g
水 55g

裝　飾（增添香氣）

芝麻油 少許
白芝麻粒 少許

作　法

1. 將魚板切成寬約 1.5 公分、長 8 公分的長片，洋蔥切粗絲，紅蘿蔔切細長薄片，青蔥切 5 公分段備用。
2. 將醬汁調好後備用。
3. 加入料理油熱鍋後，加進蒜末炒約 30 秒，**炒香就好不用有顏色**。
   POINTS 蒜頭焦掉後很苦，稍微炒到有香氣就可以了。
4. 放入洋蔥、紅蘿蔔、魚板，炒到洋蔥變透明後倒入醬汁，**拌炒到醬汁剩三分之二時加入青蔥**，稍微拌炒。
   POINTS 青蔥太早下鍋的話會很快黑掉，吃起來軟爛沒有口感。
5. 接著滾煮收汁至大概剩兩成醬汁後關火。
6. 盛盤，另外淋上少許芝麻油、撒上白芝麻粒即完成。

鮪魚炒泡菜 冷 熱

참치 김치 볶음 chamchi gimchi bokk-eum

韓國御飯糰第一名的口味！大部份的韓國家庭都會自己做泡菜來存放，每個家庭也有自己習慣的家常泡菜料理，而這道小菜就是很常見的一種。

我們通常會將泡菜與豬肉一起炒來吃，但豬肉不適合當涼菜，所以如果是吃冷的，又希望泡菜裡加肉的話，一般最常見的就是用罐頭鮪魚跟泡菜一起炒，可以當涼菜來食用，搭配起來味道也很好。

主要食材

泡菜 300g
罐頭鮪魚 150g（瀝乾）
洋蔥 100g _ 切絲
青蔥 30g _ 切粗蔥花
番茄醬 30g

TIPS：因為泡菜的酸度不一，可依個人喜好調整用量。

黑胡椒粉 1-2g
水 50g
料理油 30g
芝麻油 15g
白芝麻粒 3g

作　法

1. 擠乾泡菜的水分後，將泡菜和泡菜水分開備用（如果使用整顆的泡菜，要先切成適口大小）。洋蔥切絲，青蔥切成約 0.8 公分的小段。（如圖 A）

2. 起鍋熱油，加入番茄醬與泡菜，**以小火拌炒 3-5 分鐘**。

   POINTS 泡菜要炒到辣油出來，才會有香氣。

3. 接著加入泡菜水、洋蔥，炒約 30 秒後再加入罐頭鮪魚、黑胡椒粉、水，翻炒 2-3 分鐘至快收汁，最後撒上青蔥翻炒一下即可。

   POINTS 加入鮪魚後，不需要一直翻拌，這樣很容易碎，影響口感。

4. 起鍋前淋上芝麻油和撒上白芝麻即完成。

A 泡菜要確實擠乾水分口感才會好，擠出來的泡菜水不要丟掉，下鍋一起炒，泡菜的酸香味才會濃郁。

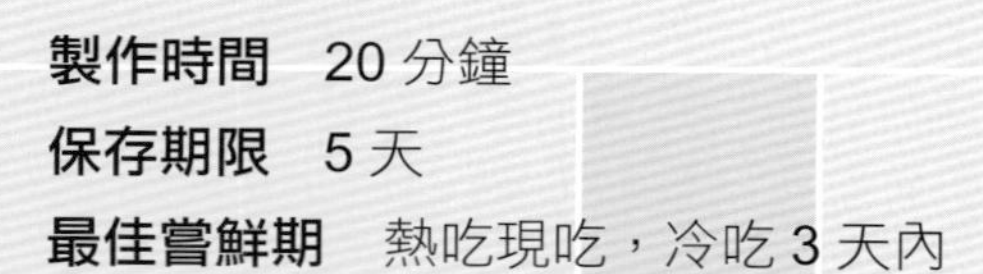

製作時間 20 分鐘
保存期限 5 天
最佳嘗鮮期 熱吃現吃，冷吃 3 天內

KAI心TIPS

鮪魚炒泡菜可以拿來包飯捲或是做飯糰都很美味，也可以拿來煮泡菜鍋喔！

鯷魚乾炒糯米椒 冷

멸치 꽈리 고추 볶음

myeolchi kkwali gochu bokk-eum

我還是國小生的時候，爸爸就已經開始用韓國的綠辣椒跟小魚乾炒成小菜給我配飯吃了。韓國的綠辣椒品種比較微辣清甜，但是搭配醬油的香氣與有甜度的醬料，辣度並不明顯。如果你吃辣，可以用台灣的綠辣椒來做這道菜，如果完全不吃辣，也可以用綠甜椒或者是糯米椒來做。

這道小菜在韓國還蠻常用來帶小孩子的便當，因為小魚乾的鈣質高，味道又有點甜鹹與香氣，孩子普遍可以接受，我自己小時候就很喜歡吃，可能也是因為這樣我長得很高吧！

製作時間 30 分鐘
保存期限 5 天
最佳嘗鮮期 3 天

主要食材

小鯷魚乾 60g
糯米椒 120g _ 切段
蒜仁 20g _ 切片
料理油 25g
杏仁片 30g
白芝麻粒 3g

醬 汁

蠔油 20g
醬油 15g
芝麻油 15g
味醂 15g
玉米糖漿 30g

作 法

1 把鯷魚乾放入溫熱的鍋中，乾炒約 2 分鐘後，放入篩網中，**把魚乾中的細粉篩出來**。（如圖 A）
POINTS 鯷魚乾的細粉苦苦的，還會發黑，所以會濾掉、不使用。

2 將醬汁的材料全部混合均勻備用。

3 熱鍋後下油，加入蒜片後大火炒一下到些微上色，轉中火，加入切段的糯米椒拌炒 20-30 秒。

4 再把鯷魚乾與調好的醬汁倒入，翻炒約 30 秒。關火後，加入杏仁片、白芝麻粒即可。（如圖 B）

A 將炒好的鯷魚乾放在篩網上，用手輕拍幾下篩網，過濾出細粉。

B 快速翻炒糯米椒與鯷魚乾，讓醬汁都附著在上面就可以關火了。

豬肉片炒綠豆芽 冷 熱

돼지 고기 숙주 볶음 dwaeji gogi sugju bokk-eum

常見的綠豆芽與黃豆芽，在韓國的料理方法完全不一樣。細細的綠豆芽比較適合炒，不會加辣椒粉調味。黃豆芽味道香，適合煮湯或是做辣味小菜。綠豆芽沒有黃豆芽耐煮，煮太久沒有口感不好吃，如果怕自己動作比較慢的人，也可以在炒前先用熱水快速氽燙綠豆芽，比較不會煮太久出水。

製作時間 20 分鐘
保存期限 2 天
最佳賞鮮期 立刻品嘗

主要食材

綠豆芽 200g
豬肉片 100g _ 切一口大小
TIPS：豬肉片盡量選油少的部位，這樣就算冷掉也不會油味很重。
洋蔥 50g _ 切絲
青蔥 30g _ 切段
料理油 15g
芝麻油 15g
白芝麻粒 2g

醃料

蒜末 10g
蠔油 10g
醬油 10g
黑胡椒粉 1g

作法

1. 將豬肉片用醃料抓醃後，靜置 5-10 分鐘。
2. 鍋中倒油，熱鍋後放進豬肉片，中火炒到熟而且有香氣出來，再加洋蔥絲翻炒約 1 分鐘。
3. 加入豆芽菜、青蔥及芝麻油一起調味翻炒。
4. 起鍋盛盤後撒上白芝麻即可。

魩仔魚炒堅果 冷

잔멸치 견과 볶음 janmyeolchi gyeongwa bokk-eum

這是小孩最喜歡的一道便當菜，很常出現在學校的午餐。脆口的堅果嚐起來甜甜的，帶有一點點醬油味。因為魩仔魚乾本身已經帶有鹹味，所以在加醬油時要注意鹹度的拿捏。

製作時間 30 分鐘
保存期限 3 天
最佳嘗鮮期 2 天

主要食材

魩仔魚乾 150g
綜合堅果（核桃、腰果、杏仁、花生等）40g
蒜末 15g
料理油 30g
芝麻油 10g
白芝麻粒 5g

醬 料

醬油 15g
味醂 30g
玉米糖漿 40g
水 30g

作 法

1. 乾煸魩仔魚乾約 2-3 分鐘後盛起備用。
2. 熱鍋下油後，先爆香蒜末，再轉中小火，加入魩仔魚乾一起拌炒 3-5 分鐘。
3. 等魩仔魚乾炒至金黃色後，加入綜合堅果、醬料一起翻炒 30 秒至 1 分鐘。
4. 最後加入芝麻油、白芝麻粒翻炒一下即完成。

櫻花蝦炒牛蒡

건 새우 우엉 볶음

geon saeu ueong bokk-eum

牛蒡跟醬油可以說是一道很絕配的調味小菜！日本也有類似的菜叫金平牛蒡，但是沒有蝦子，比較強調醬油和芝麻的味道。在韓國，除了芝麻的香氣外，我們還會加入櫻花蝦、紅綠辣椒、杏仁片，堆疊不同香氣的豐富度，口味上也更重一點。這道菜非常快速可以完成，就算現吃現做也很簡單方便。利用醋水可以避免牛蒡變黑變色，還能夠降低本身食材帶來的苦澀味，是做這道菜的一個重點。

製作時間 20 分鐘

保存期限 5 天

最佳嘗鮮期 1-2 天，建議隔天吃完最美味，不用加熱

主要食材

牛蒡 250g _ 切條

TIPS：牛蒡粗的地方是頭，下面細的是根，最下面的根太硬不會吃。買牛蒡時，建議挑選表面有點帶土、摸起來硬實的，表示比較新鮮，水分也飽滿。另外，從剖面來看，中間白色部分是牛蒡最可口多汁的地方，外皮越薄，中間孔洞越小，牛蒡就越好吃。

櫻花蝦 30g

紅辣椒 30g _ 切圓片

綠辣椒 30g _ 切圓片

烤過的杏仁片 30g

TIPS：如果是生的杏仁片，先用乾鍋炒香，或烤箱烘烤，香氣才會出來。

白芝麻粒 5g

料理油 20g

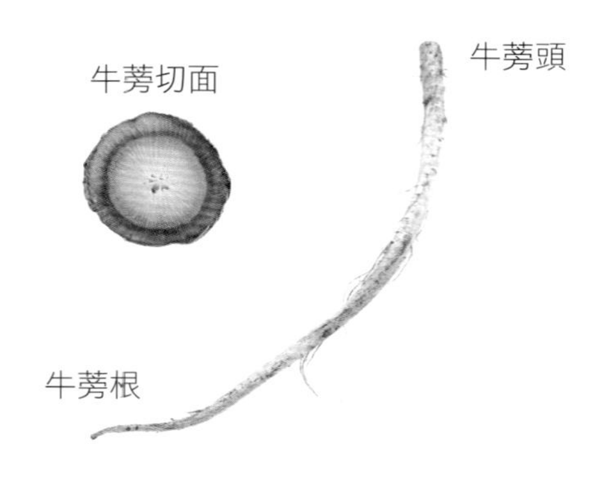

醋　水

水 500g

白醋 30g

醬　料

蒜末 15g

水 50g

醬油 30g

玉米糖漿 20g

芝麻油 20g

作　法

1 **牛蒡用削皮器去皮**後，縱切四等分，**把中間的芯稍微切除，再切長條狀後，泡入醋水中備用**。（如圖 A、B）

POINTS 去皮的方式有兩種，一種是用削皮刀，或是用菜瓜布或刀背刮一刮。牛蒡皮其實也很好吃，但如果有衛生疑慮的話，直接削掉也沒關係。

POINTS 牛蒡中間的芯乾硬，削掉口感比較好。切好的牛蒡立刻泡到醋水裡就不會變黑，也可以降低澀味。

2 以中小火乾煸櫻花蝦，取出後**將鍋子裡殘留的粉屑清除**。（如圖 C）

POINTS 櫻花蝦炒過頭會有苦味，只要炒到香氣出來，鍋裡有滋滋聲就可以起鍋了。

3 同鍋熱油，加入瀝乾水分的牛蒡，炒 2-3 分鐘至熟。（如圖 D）

4 再加入醬料，炒到醬汁收一半的時候加入煸香的櫻花蝦、紅辣椒、綠辣椒，續炒至收汁。（如圖 E、F）

5 關火，加入杏仁片與白芝麻粒即完成。

這道菜製作很快速，基本上不會一次做太多，但如果有吃剩的，隔天用來炒飯也很不錯，香氣很好。

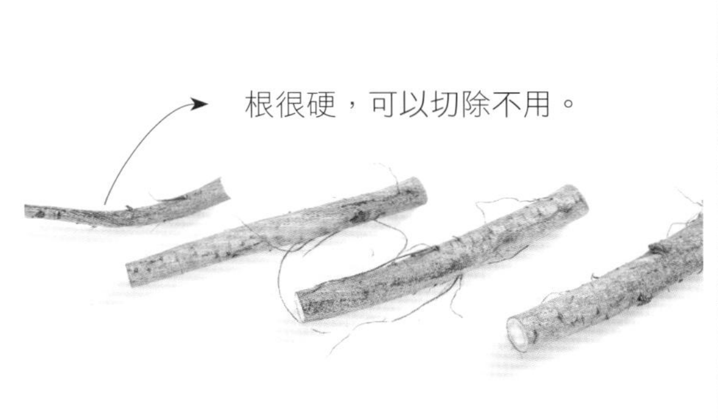

A 將長長的牛蒡切成容易處理的長度，左邊最細的根很硬，不會吃。用削皮刀去皮。

B 將牛蒡縱切四等分。中間的芯沒有味道，比較硬，稍微切掉會比較好吃。

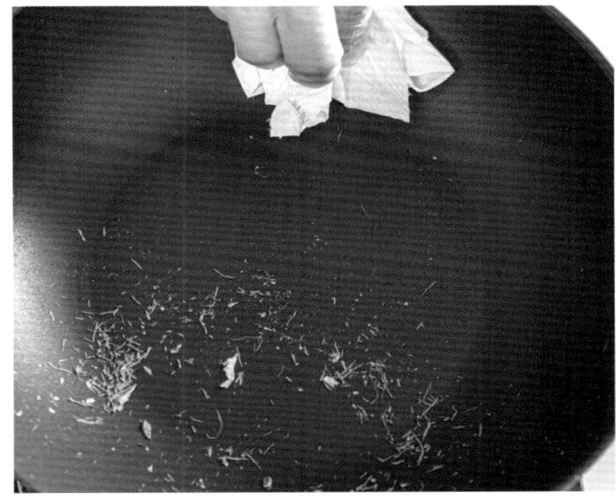

C 炒完櫻花蝦後，因為粉屑容易焦掉有苦味，先把鍋子清除乾淨再繼續使用。

D 鍋中加入牛蒡炒熟，看到牛蒡旁邊出現小泡泡就差不多可以了。

E 加入醬料後，翻炒到收汁收到一半後，加入櫻花蝦繼續翻炒。

F 再加入紅綠辣椒，炒到幾乎完全收汁即可起鍋，撒入杏仁片和芝麻。

櫻花蝦炒蒜苗

製作時間 30 分鐘
保存期限 3 天
最佳賞鮮期 1-2 天內

건새우 마늘쫑 볶음

geonsaeu maneuljjong bokk-eum

櫻花蝦不需要太多處理，稍微炒過就有非常好的香氣，吃起來清爽又開胃。這道菜在韓國比較常用蒜苔製作，但台灣不太好買，改用蒜苗的香氣也不錯，可以試試看自己喜歡的辛香料食材。

主要食材

蒜苗或蒜苔 200g _ 切段
櫻花蝦 40g
蒜仁 10g _ 切片
料理油 15g
白芝麻粒 5g

醬 料

醬油 25g
白砂糖 15g
玉米糖漿 15g
味醂 15g
韓國細辣椒粉 2g

作 法

1. 以中小火煸香櫻花蝦約 2-3 分鐘。
2. 將蒜苗切成 5 公分長，蒜仁縱向切片備用。
3. 起鍋熱油，將蒜片炒至金黃上色，再加入蒜苗炒 20-30 秒。
4. 接著加入醬料炒 10-20 秒。
5. 最後加入煸香的櫻花蝦翻炒 20-30 秒後，撒入白芝麻粒即可。

如果在翻炒的過程中覺得太乾，可以加一點點水一起炒，記得不要加太多，避免整鍋水分太多。

蝦醬炒櫛瓜 冷 熱

애호박 새우젓 볶음
aehobag saeujeos bokk-eum

韓國的櫛瓜品種跟台灣不一樣，口感有些許不同。韓國的櫛瓜比較粗，沒有那麼綠、水分較少、比較清甜，拿來煎、炒都適合。而且在韓國，櫛瓜很好取得，所以用在非常多的料理與小菜中，湯品裡也常常用到它。台灣的櫛瓜我認為比較適合拿來燉或煮湯，不過只要藉由調理的方式，也可以找到類似的味道，這次就要用台灣櫛瓜來教大家。

製作時間 20 分鐘
保存期限 3 天
最佳嘗鮮期 1-2 天內

韓國櫛瓜的體型較粗，台灣的超市有時候也買得到。

主要食材

櫛瓜 200g _ 切片
洋蔥 80g _ 切絲
青蔥 10g _ 切粗蔥花
紅辣椒 2 根 _ 切圓片
蒜末 10g
芝麻油 15g
生蝦醬 15g
鹽 少許
白胡椒粉 少許
白芝麻粒 3g

作　法

1 櫛瓜切成半圓片，**用鹽醃 5-8 分鐘後擠水**，再用水沖洗一下。（如圖 A）
POINTS 用鹽巴讓櫛瓜出水後，口感會比較好，也可以去除苦味。

2 洋蔥切絲，青蔥切 0.8 公分粗蔥花，紅辣椒切圓片。

3 起鍋倒入芝麻油，以中火加熱，先爆香蒜末，再加入櫛瓜片、洋蔥絲、生蝦醬。

4 蓋上鍋蓋燜煮約 2-3 分鐘，炒到洋蔥出水、香氣出來。

5 再加入青蔥與紅辣椒，用鹽、白胡椒粉調味，翻炒約 1 分鐘後關火，最後撒上白芝麻粒即完成。

A 櫛瓜用鹽醃漬出水後，擠乾水分，可去除苦味。

牛肉末炒黃瓜 冷

소고기 오이 볶음 sogogi oi bokk-eum

小黃瓜在烹煮後還是要保持它的脆口度，所以炒的時間不宜太久。也可以改成加雞絞肉或豬絞肉一起拌炒，如果在翻炒的過程中，肉釋出的油脂太多時，可以直接用廚房紙巾將鍋內的油擦掉去除。這道菜也很適合拿來當拌飯的其中一個小菜 yo。

製作時間 30 分鐘
保存期限 3 天
最佳嘗鮮期 1-2 天內

主要食材

小黃瓜 200g
鹽 5g（抓醃小黃瓜用）
牛絞肉 100g
蒜末 10g
蔥花 15g
料理油 10g
芝麻油 3g

醃肉醬料

醬油 15g
白砂糖 15g
薑片 10g
蒜末 3g
黑胡椒 適量

裝　飾

白芝麻粒 3g
乾辣椒絲 2g（可自由選用）

作　法

1 小黃瓜先用鹽（材料分量外）搓洗表面後，切圓片，再加鹽抓醃 5-10 分鐘，接著沖洗 2-3 次再將水擠乾。

2 **牛絞肉的血水用紙巾吸乾**，再加醃肉醬料抓醃靜置一會兒。（如圖 A-B）
POINTS 肉裡面的血水會有不好的味道，水分太多也會稀釋掉醬料，最好先吸乾再使用。

3 起鍋熱油，加入蒜末、蔥花、醃好的牛絞肉翻炒。

4 待鍋中牛絞肉的醬汁炒至收汁後，加入小黃瓜快炒約 20-30 秒，最後淋上芝麻油即可。盛盤時可用白芝麻粒、乾辣椒絲裝飾。

A 桌上準備廚房紙巾，將牛肉放上去。

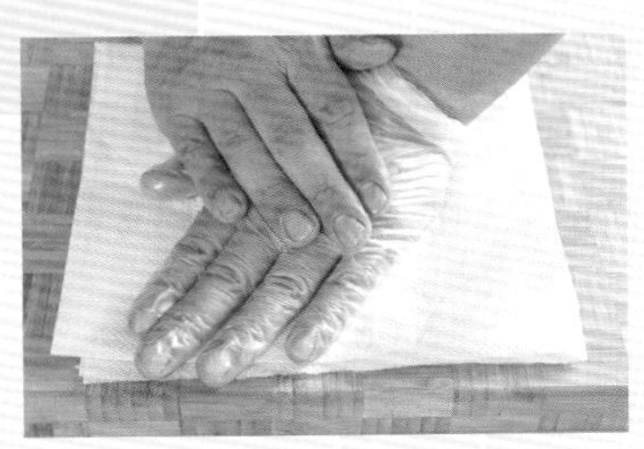

B 蓋上另一張廚房紙巾，雙手施力壓在牛肉上。

CHAPTER 7

煎炸小菜

전 반찬

綜合煎餅盤 熱

모둠전 modum-jeon

為什麼每次韓國人中秋過年祭祖以及家裡有人慶祝時，桌子上面都會有一盤煎餅盤呢？如果大家有看過古裝劇，就會發現以前韓國的油是很珍貴的，炸的東西、煎的東西不多，甚至只有王在吃。加上這一個組合需要很多的切工、很多的蔬菜，還要手裹蛋液，並且一個一個顧火煎與裝飾，所以這並不會是一個天天吃得到的小菜，也因為這樣，成為了佳節慶典或生日時的特別菜色。

韓國的超市也會有煎餅區可以選購，跟大家知道的海鮮煎餅不一樣，尺寸比較小，因為口味很多適合拿來當前菜，所以大多不會做太大。現在韓國還有一些品牌有做不同口味的冷凍煎餅，像是牛肉餅、芝麻葉牛肉煎餅、魚的煎餅，還有綠豆煎餅等等，讓想要在家裡做綜合煎餅盤的人省去不少麻煩。

製作時間 40 分鐘
保存期限 3 天
最佳嘗鮮期 2 天內，建議少量做，口味多元一些

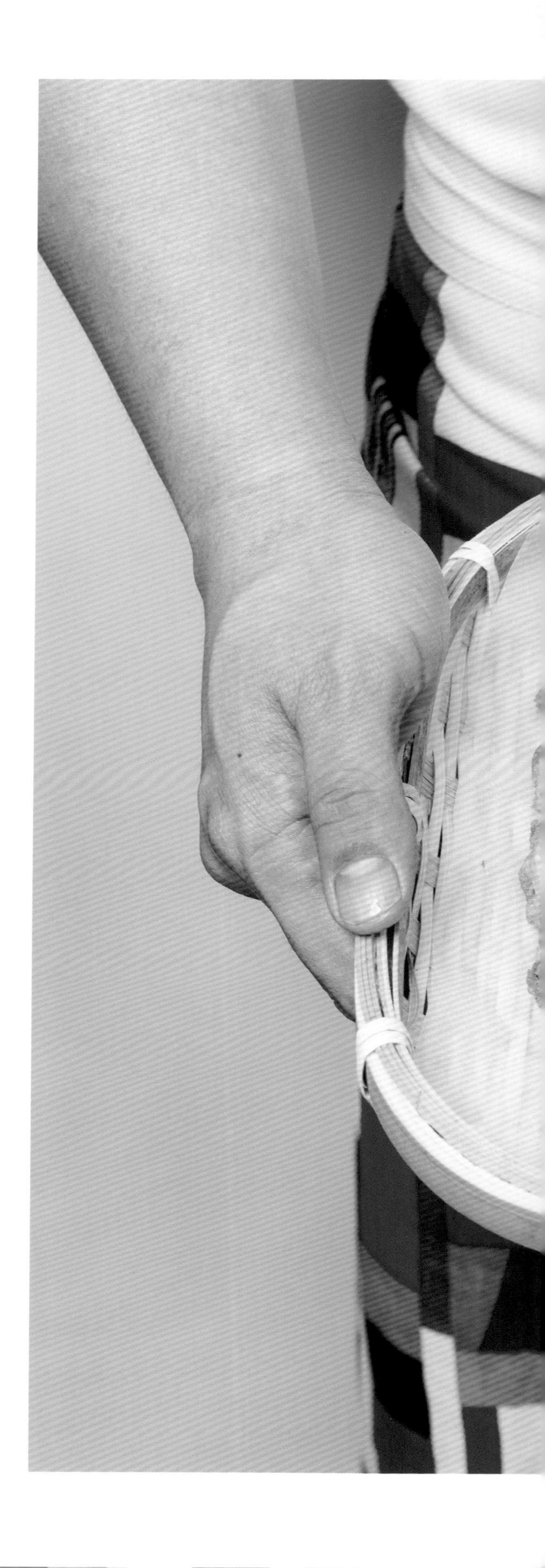

主要食材

新鮮香菇 6 朵

TIPS：如果是用乾香菇，先泡水 1 小時後擠乾使用。

糯米椒 6 根

黃櫛瓜 100g _ 切圓片

綠櫛瓜 100g _ 切圓片

韓國芝麻葉 6 片

紅辣椒 1 根 _ 圓片或斜片

綠辣椒 1 根 _ 圓片或斜片

麵　衣

中筋麵粉 200g

雞蛋 5 顆

餡　料

牛絞肉（粗）150g

TIPS：如果不吃牛肉，選擇豬肉、雞肉、魚肉也可以。

板豆腐 80g

紅蘿蔔 15g _ 切末

蔥花 15g

調味醬料

醬油 10g

味醂 10g

蒜末 5g

芝麻油 5g

白芝麻粒 3g

沾　醬

水 25g

白砂糖 25g

醬油 50g

白醋 25g

韓國粗辣椒粉 3g

黑麻油 8g

蔥末 8g

蒜末 3g

白芝麻粒 3g

食材前置處理

1 牛絞肉加入紅蘿蔔末、蔥花、調味醬料，混合均勻。

POINTS 攪拌時不要太用力，食材太碎會沒有口感，帶有顆粒感比較好。

2 用蒸籠布把豆腐壓碎，水分擠出來。

3 把豆腐還有做好的牛絞肉攪拌均勻。

4 香菇切除蒂頭，傘面用刀切＊狀或喜歡的圖案。

5 糯米椒切半後，用湯匙把裡面的籽取出。

6 **櫛瓜切片後撒些許鹽巴（材料分量外），靜置 30 分鐘將水分逼出**。（如圖 A）

POINTS 櫛瓜先撒鹽逼出水分，才能避免煎後出水讓麵衣濕掉，口感不好。

7 芝麻葉洗淨後瀝乾備用。

A 在櫛瓜上撒鹽，把水分逼出來，這樣煎完才會比較脆，如果出水了，麵衣就會濕掉。

作　法

1 將雞蛋打入碗中，用筷子打勻打散，不用特別打出泡泡。

2 糯米椒、香菇、芝麻葉先抹上一層薄薄的麵粉。

3 **將調味好的牛絞肉餡塞入糯米椒與香菇裡面，然後沾上麵粉再沾蛋液**。（如圖 B、C）

POINTS 鋪肉的地方再抹上一些麵粉，煎的時候才不容易散開。

4 芝麻葉的一邊放上調味好的牛絞肉，對折起來，然後沾上麵粉再沾蛋液。（如圖 D、E、F）

5 兩種顏色的櫛瓜把鹽洗掉後，利用廚房紙巾吸掉水分，然後沾上麵粉再沾蛋液。

6 鍋中下稍微多一點的油（材料分量外），熱鍋後，用中小火分次煎熟以上的食材即完成。櫛瓜上可放紅綠辣椒片做點綴。（如圖 G、H）

POINTS 有包絞肉的先下鍋，因為要比較久才會熟。可以切開最大的那一朵香菇，確認看看是否熟透，熟了即可盛盤。

7 將沾醬的材料混合均勻，搭配煎餅食用。

B 香菇傘內鋪上一層牛絞肉，不需要鋪太厚。

C 糯米椒內也鋪上一層牛絞肉。

D 芝麻葉上的牛絞肉不用放太多，集中在其中一邊就好。

E 把芝麻葉對折起來，讓牛絞肉包覆在中間。

F 將食材沾一層蛋液。

G 下鍋用中小火慢慢煎熟。

H 煎的時候不用一直翻面，避免食材外觀被破壞。等到一面顏色出來後再翻面即可。

這道菜我們通常會一次做很多口味，每種一點點，不會久放，因為口感比較不好。吃不完的話冰箱冷藏，要吃前先微波或再煎過加熱。

牛肉蓮藕餅

製作時間　20 分鐘
保存期限　3 天
最佳嘗鮮期　2 天

소고기 연근 전 sogogi yeongeun-jeon

蓮藕在韓國是很常見、好買的食材，幾乎沒有季節之分。小時候如果火氣大流鼻血，家人就會做這道菜，而且小孩子也很喜歡，因為煎炸過後的蓮藕很香、口感微脆。如果想要做得更美觀，可以裝飾辣椒片在其中一面。不吃牛肉的朋友可以用全豬肉取代，搭配韓國芝麻葉一起吃香氣更好。

主要食材

蓮藕 2 根
紅辣椒 1 根 _ 切圓片
中筋麵粉 100g
雞蛋 3 顆
料理油 30g

牛肉餡料

牛絞肉 200g
蒜末 10g
洋蔥 10g _ 切碎末
醬油 15g
芝麻油 5g
黑胡椒 2g

沾　醬

水 25g
白砂糖 25g
醬油 50g
白醋 25g
韓國粗辣椒粉 3g
芝麻油 8g
蔥末 8g
蒜末 3g
白芝麻 3g

醋　水

水 500g
白醋 30g

作　法

1. 將蓮藕切段去皮後，泡醋水 10 分鐘，以免變黑。再**切成約 0.5 公分厚度的片狀**。
   POINTS 蓮藕不要切太厚，而且切的薄度要一致，以免受熱不均。
2. 將牛肉餡料的材料混合均勻。
3. 將雞蛋均勻打散，麵粉放入另外一個盤子備用。
4. 全部蓮藕片均勻沾上麵粉後，取一片蓮藕片，放上牛肉餡料，再蓋上另一片蓮藕片，做成夾心狀。（如圖 A）
5. 中火熱鍋倒入油，把蓮藕夾心沾上蛋液後，放入鍋中，一面煎上色後再翻面，再把紅辣椒片裝飾在上面，**以小火慢煎到呈金黃色**。（如圖 B）
   POINTS 火力不能太大，不然很容易表面燒焦了裡面還沒熟，需要耐心慢慢煎。
6. 將沾醬的材料混合均勻，搭配牛肉蓮藕餅食用。

A

B

KAI心 TIPS

★ 一次不要煎太多，以免影響鍋溫，也必須讓蓮藕餅之間保持間隔，才方便翻面。
★ 可以將最厚的一個蓮藕夾心切開，確認肉有熟後，表示其他也熟了即可起鍋。

牛肉年糕捲 

製作時間 25 分鐘
保存期限 2 天
最佳嘗鮮期 1-2 天

떡 갈비 tteog galbi

韓國的牛肉很貴，所以這道菜大多是用牛絞肉與豬絞肉混合製作。韓食很多小菜都需要手工，這道菜的來源有非常多的說法解釋。最傳統的作法是將帶骨牛排去骨後，用刀剁碎成絞肉包回去，直接翻譯就是「剁碎」的意思。但是後來覺得包在絞肉中的牛骨看起來很像年糕，就直接把這道菜改為包覆著年糕條在裡面，像是雪白的牛骨一樣。

現在韓國人如果要做這道菜，也很少會自己手剁牛肉，都是買已經弄好的牛絞肉來製作。同時韓綜也有一些新潮的作法，像是將栗子蒸熟搗泥後包覆在絞肉中間的栗子牛肉餅。這次我先將最基本的作法教給大家，讓大家可以自己做變化。

主要食材

條狀年糕 100g
料理油 30g

醬 汁

芝麻油 15g
醬油 15g
蜂蜜 15g

裝 飾

松子 30g _ 切碎末
紅辣椒 1 根 _ 切圓片
綠辣椒 1 根 _ 切圓片

肉 餅

牛絞肉 300g
豬絞肉 200g
蒜末 20g
蔥末 30g
醬油 25g
芝麻油 15g
黑胡椒粉 2g
中筋麵粉 50g
雞蛋 1 顆
白砂糖 20g
韓國梅汁 15g

作 法

1 將條狀年糕泡水約 30 分鐘至變軟。
2 將肉餅的材料混合一起，持續攪拌約 5 分鐘。
3 將醬汁調好備用。
4 將松子搗碎或切碎，辣椒切圓片備用。
5 取肉餅包覆條狀年糕中段。（如圖 A、B）
6 熱鍋倒入料理油，用小火煎已經包好的牛肉年糕捲。
7 大約煎 3 分鐘後，淋入醬汁，小火滾約 30 秒。
8 盛盤後，在牛肉年糕捲上方裝飾松子碎末與辣椒片即可。

A 先在手上抓一團絞肉，然後將年糕放在中間。

B 用絞肉把年糕包覆起來，稍微塑形一下，讓年糕從兩端凸出來。

KAI 心 TIPS

牛肉年糕捲可以搭配煎過的青蔥一起吃。準備整枝青蔥，將蔥白與蔥綠切開，分別放入鍋中煎香，煎到有點焦色就可以了。鋪在盤底還有裝飾效果 yo。

大醬煎鯖魚 熱

고등어 된장 구이

godeung-eo doenjang gu-i

製作時間 20 分鐘
保存期限 3 天
最佳嘗鮮期 1-2 天內，但是醬料可以冷藏 1 個月鯖魚的油脂很豐富而且肉質緊實，很適合拿來燉跟煎，而韓國的味噌（也就是我們所說的「大醬」）也很適合久煮，可以減少鯖魚的魚腥味，同時增加美味的鮮味。這道菜除了用鍋子煎，也可以用烤的方式，大醬會很香喔。

主要食材

鯖魚 250g
料理油 20g
白芝麻粒 2g
蔥花 10g

醬　汁

韓國味噌 30g
美乃滋 10g
花生醬 10g
味醂 15g
蒜末 5g
玉米糖漿 10g
水 30g

作　法

1. 鯖魚表面用廚房紙巾拭乾水分後，表面劃斜刀，讓醬汁更容易入味。
2. 混合所有的醬汁材料備用。
3. 鍋中加入料理油，把魚皮那一面朝下放，煎香鯖魚皮。（如圖 A）
4. 煎 2-3 分鐘後，轉中火，將魚身翻面煎熟。（如圖 B）
5. 用廚房紙巾吸掉鍋裡多餘的油脂，將醬汁淋在鯖魚表面，然後再煮 30 秒到 1 分鐘至大約收汁。（如圖 C）
6. 將煮好的鯖魚盛盤，撒上白芝麻粒、蔥花即可。

A 熱油後，將魚皮朝下放入鍋中。

B 煎到魚皮變色後，翻面再煎。

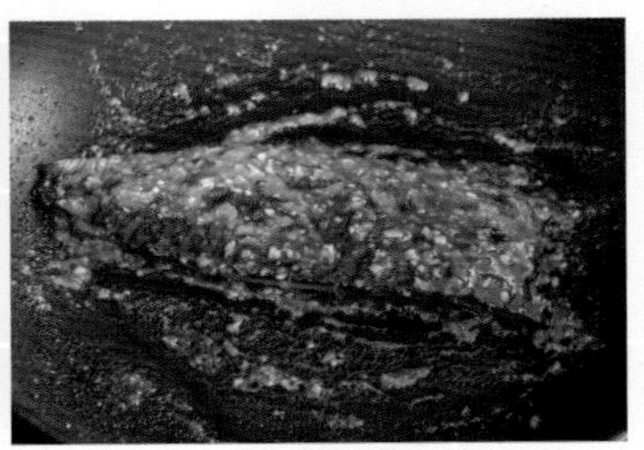

C 確認魚煎熟後倒入醬汁，一邊用湯匙將醬汁淋在魚上，幫助醬汁裹覆上去。

海苔煎蛋捲 冷 熱

계란 김 말이 gyelan gim mal-i

這道菜很適合當便當菜，因為食材很簡單，就算放涼了也很美味。韓國的蛋捲跟日本玉子燒比較不一樣的是會把很多蔬菜切細丁，讓蛋液中包覆很多蔬菜一起烹煮，多一些營養跟口感。蛋捲裡面的食材可以自己選擇喜歡的蔬菜，只要切成細丁就可以使用。韓國人很喜歡用海苔入菜，所以在這邊我是把有海苔的版本教給大家。

製作時間 15 分鐘
保存期限 2 天
最佳嘗鮮期 1-2 天

主要食材

雞蛋 5 顆
洋蔥 20g _ 切細丁
紅蘿蔔 20g _ 切細丁
青蔥 15g _ 切細蔥花
海苔 2 片
鹽巴 1g
美乃滋 15g
料理油 15g

作 法

1 **將雞蛋稍微打勻**，加入鹽巴打散備用。（如圖 A）
POINTS 韓式蛋捲不需要過濾蛋液，也不要過度攪拌，保持黏稠的感覺，煎好的蛋才會膨膨的。

2 把洋蔥、紅蘿蔔切細丁，青蔥切成細蔥花。

3 將切好的洋蔥丁、紅蘿蔔丁、蔥花還有美乃滋放入蛋液中，稍微拌一拌。

4 中小火熱鍋，倒入料理油後，蛋液分 2-3 次倒入。

5 第一次倒入的蛋液快要凝固時，在上面放一片海苔，然後把蛋捲從一邊向內捲起後推到鍋子下方，鍋底再次抹油，倒入蛋液。（如圖 B、C、D）

6 第二次倒入的蛋液快要凝固時，放入半片海苔在蛋液上，然後把蛋捲往上方再度捲起後推回下方，鍋底再度抹油，倒入剩下的蛋液。（如圖 E、F）

7 第三次倒入的蛋液快要凝固時，放入半片海苔，再次捲起來即完成。

8 **起鍋後可用廚房紙巾包起來定型**，靜置一會兒後，再用刀切厚片。（如圖 G、H）
POINTS 蛋捲起鍋後要趁熱才能定型，如果家裡有竹簾也可以使用。

A 蛋液不要攪太稀，用筷子拉起來時還有稠度。

B 確認蛋液一點點凝固後，鋪上一片海苔。

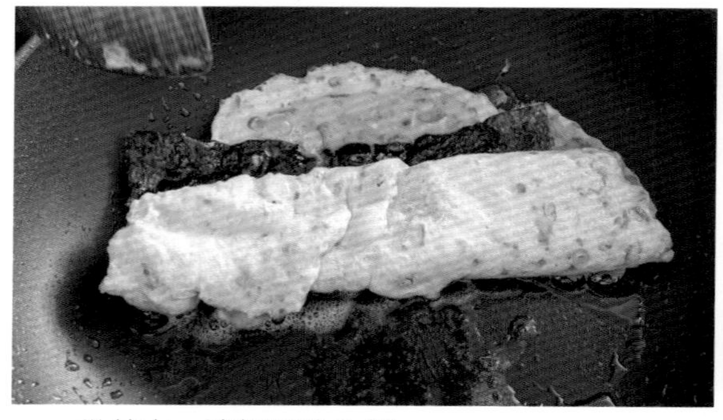

C 從其中一邊把蛋往內折。

D 捲起來後推到一側，再倒入少許油跟蛋液。

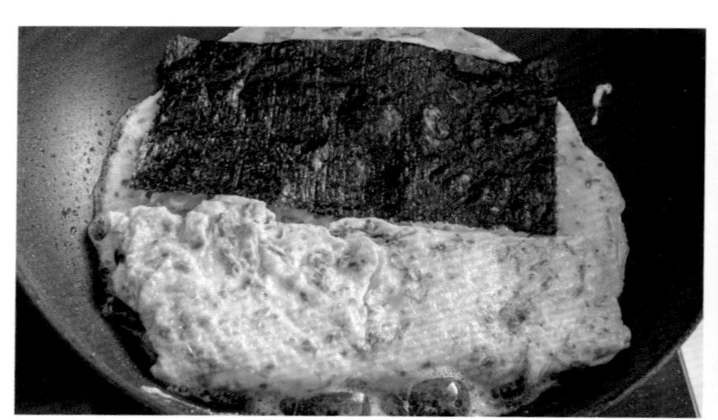

E 在還沒完全凝固的蛋液上放半片海苔。

F 再將蛋捲起來，蛋捲會越來越大。

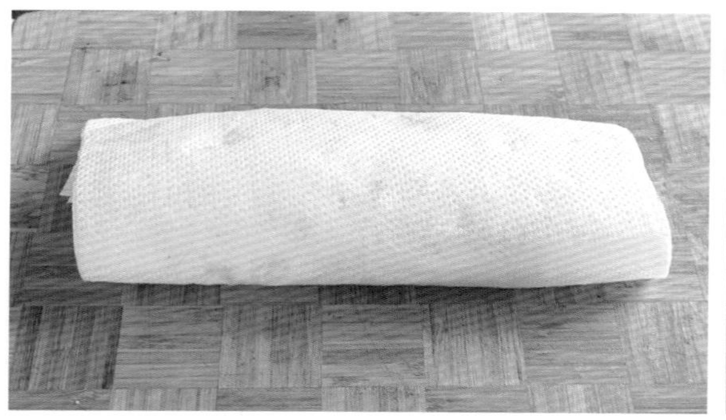

G 將煎好的蛋捲用廚房紙巾或竹簾捲起來，稍微用手按壓，幫助定型。

H 等蛋捲有點冷卻後，再切成適合的厚片大小。

KAI心 TIPS

- ★ 蔬菜碎末的大小要一致，熟的時間才會差不多。
- ★ 製作蛋捲時使用中小火，如果鍋子太燙可以拿起來晃動降溫一下，再繼續倒蛋液，避免表面太焦，或是太快凝固不好操作。

辣醬五花肉 熱

돼지 삼겹살 고추장 구이 dwaeji samgyeobsal gochujang gu-i

韓國人很愛吃豬肉，而且跟其他國家比起來，特別喜歡五花肉。也因為這樣，台灣的五花肉相對比韓國便宜不少，因為韓國人很愛吃五花肉，需求量多，供應量少。在韓國，豬肉有許多不同的烹調方式，但以燉煮或者煎烤的料理居多，例如這道辣醬五花肉。

製作時間 30 分鐘
保存期限 3 天
最佳嘗鮮期 現做現吃最好吃

主要食材

豬五花肉 300g
洋蔥 100g _ 切絲
青蔥 30g _ 切絲
綠辣椒 2 根 _ 斜切片
紅辣椒 1 根 _ 斜切片
蒜仁 20g _ 切片
生菜（依個人喜好）適量
白芝麻粒 2g
芝麻油 2g

醬　料

韓國細辣椒粉 5g
韓國辣椒醬 8g
醬油 8g
白砂糖 8g
玉米糖漿 8g
味醂 5g
蒜末 5g
薑末 5g
洋蔥末 10g
芝麻油 5g
水 40g

作　法

1 混合所有醬料備用。

2 洋蔥切成 0.8 公分寬的粗絲；紅、綠辣椒斜切厚片；蒜仁切薄片；蔥切成細絲後泡水備用。

3 起熱鍋，用大火先將豬五花肉煸至金黃上色。再轉中火，加入洋蔥絲煎熟。過程中一邊用廚房紙巾將鍋中的豬油擦乾。（如圖 A）

4 取出煸至金黃上色的豬五花肉與洋蔥。豬五花肉切成 2 公分寬的厚片後放回鍋中。

5 將醬料混合**淋在煎到表面金黃的豬五花肉片上**，以大火煎約 30 秒。（如圖 B）

POINTS 必須確認豬肉的表面已經煎到金黃色，再加入醬料，這樣醬料才容易裹附在豬肉上面。

6 將煎好的豬五花肉片盛盤，再淋上芝麻油、撒上白芝麻，搭配洋蔥絲、蔥絲、蒜片、辣椒片、生菜一起食用。

A 豬五花肉與洋蔥都必須煎到金黃上色。

B 將豬五花肉取出剪成適口大小後，再放回鍋中，加上醬料。

★ 煎五花肉除了煎到熟，還要中火煎至雙面有脆度，油脂被煎出來，五花肉才會好吃！我最喜歡把烤好的五花肉用生菜包著吃，清爽不油膩。

★ 這次這個醬料配方很好用，可以煎烤可以燉煮豬肉，也很適合拿來煎烤其他肉類與魚類食材 yo。

洋釀無骨雞塊 熱

닭 강정 dak gangjeon

大多人對韓國炸雞的印象，都是在餐廳吃到的傳統洋釀炸雞（양념 통닭）。但韓國人在家裡面其實比較少做傳統的炸雞，因為分量多，又帶骨，一次需要使用的油量大，調製醬料的分量也多，沒辦法常常做，加上外面買很方便。

因為這樣，這道洋釀無骨雞塊誕生了。這道菜可以說是比較簡單的「家庭版」炸雞，分量比較小，醬料也可以少量調配。喜歡年糕的人還可以加入年糕一起炸，但要小心年糕不要炸太久，以免炸裂被噴到熱油危險。

主要食材

去骨雞腿或雞胸肉 400g
蔥花 15g
綠辣椒 1 根 _ 切圓片
紅辣椒 1 根 _ 切圓片
花生 15g
烤過的杏仁片 10g（自由選用）
白芝麻粒 3g
料理油 1000g

醃　料

黑胡椒粉 2g
米酒 30g
海鹽 3g

炸粉 A

低筋麵粉 80g
玉米粉 30g
海鹽 3g
水 150g

炸粉 B

低筋麵粉 80g
玉米粉 30g
海鹽 3g

醬　料

韓式辣椒醬 20g
韓式粗辣椒粉 6g
白砂糖 20g
番茄醬 30g
蒜末 20g
玉米糖漿 60g
醬油 20g
米酒 20g
水 60g

製作時間　40 分鐘
保存期限　3 天
最佳嘗鮮期　現做現吃最好吃

作　法

1 將雞肉切成一口大小，用醃料抓醃後放至冰箱冷藏約 30 分鐘。

2 將炸粉 A 和炸粉 B 分別混合後備用 。

POINTS 炸粉 A 是麵糊狀，炸粉 B 則是粉狀，使用兩種炸粉的方式，炸衣就不會裹得太厚或太薄，油炸的穩定度高，更容易成功。

3 取出冰箱醃好的雞肉先放到炸粉 A 中裹勻，再放到炸粉 B 中裹勻。（如圖 A、B）

4 起油鍋，熱油溫至 170 度，下雞肉炸至九分熟左右後撈起，放涼 2-3 分鐘。（如圖 C、D）

A 先將雞肉放入糊狀的炸粉 A，裹一層炸衣。

B 再放入粉狀的炸粉 B，裹第二層炸衣。

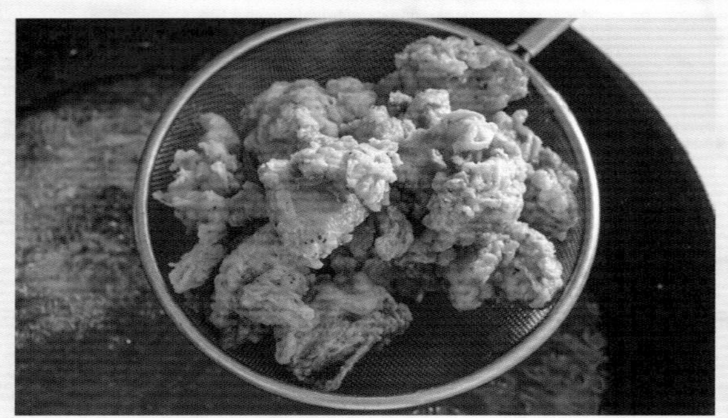

C 將雞肉炸至八到九分熟時撈起。

D 可以切開最大塊的雞肉，確認裡面是否熟透。

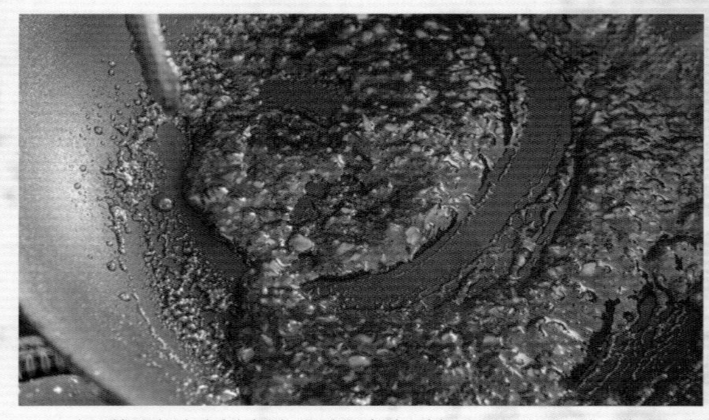

E 把醬料的材料放入鍋中加熱，混合至有濃稠感後，關火。

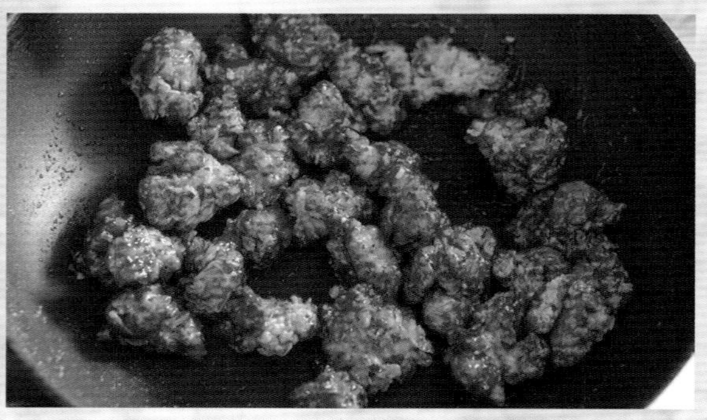

F 趁熱放入炸好的雞塊，均勻裹上醬汁。

5 再將油鍋溫度拉高至 185 度後，回炸雞肉至表面金黃上色後瀝油備用。

6 另起一平底鍋將所有醬料混合後加熱至有點濃稠度。（如圖 E）

7 **將煮醬料的鍋子關火後，加入雞肉一起均勻翻炒**，再加入紅綠辣椒片、蔥花。（如圖 F）

POINTS 要趁有熱度的時候讓雞肉和醬料拌在一起，味道才會融合。

8 盛盤後撒上花生、杏仁片、白芝麻點綴裝飾即可。

韓式煎豆腐 冷 熱

두부 부침 dubu buchim

在韓國很常直接拿豆腐跟葉菜類包著吃，但這一次我要告訴大家的是另一種吃法的豆腐小菜。

我還小的時候，這道煎豆腐常常在鎮上的聚會餐點中出現，不吃辣的人把辣椒粉拿掉即可，基本上是著重在醬油的調味，並且講究美觀度，所以會在上面堆疊一些蔬菜與苜蓿芽，讓這道小菜看起來更可口。

小時候爺爺奶奶都是用鑄鐵鍋跟木火來煎豆腐，煎的時候要蓋上鍋蓋，這樣豆腐煎完後還會有堅果的香氣。現在的火侯跟鍋具都不一樣了，我一直找不到相同的味道。但我想，除了食材與作法的改變，和記憶裡的味道不一樣的原因，應該有更多是因為兒時的回憶與感觸，才造成味蕾上不同的感受吧。

製作時間 15 分鐘

保存期限 2 天

最佳嘗鮮期 現做現吃比較美味，豆腐也不會被浸泡在醬料中太鹹

主要食材

板豆腐 200g
鹽巴 5g
料理油 30g

調味醬料

醬油 40g
韓國粗辣椒粉 5g
白醋 10g
玉米糖漿 15g
芝麻油 10g
白芝麻粒 少許

裝　飾（自由選用）

青蔥絲或青蔥片 10g
綠色苜蓿芽或高麗芽菜 30g
白芝麻粒 3g
紅辣椒片 少許

作　法

1 **豆腐切片後撒上鹽巴靜置 5 分鐘，讓豆腐稍微出水。**
用廚房紙巾將豆腐的水分吸乾。（如圖 A、B）

POINTS 豆腐出水後味道比較容易吸收，煎的時候也比較不會破。

A 將豆腐切好後排開，均勻撒上鹽巴。

B 靜置一會兒後，豆腐會出水，再將水分吸乾。

2 將油倒入鍋中，開始熱鍋。熱鍋後放入豆腐，將一面煎到上色後翻面，兩面都煎至金黃色。

3 將調味醬料攪拌均勻。

4 把裝飾用材料堆疊在豆腐上方，再淋上調味醬料即可。

專欄

豆腐的不同切法

두 부

韓國的豆類製品很多，粉類有黃豆粉，醬料類有大醬，尤其食品類的豆腐更是多樣化，除了如同豆花口感的嫩豆腐，也有比較硬一點的板豆腐或手工豆腐，還有芝麻豆腐等各式各樣的產品，濃郁度很高，韓國人特別愛吃，許多熱的冷的料理中都常常看到豆腐出現。接下來，就要為大家介紹幾種常用的豆腐種類，還有不同的切法，讓大家可以更方便運用在料理中 yo。

常見的豆腐種類：

韓國豆腐大約分三種硬度，還有另一種豆腐鍋用的管狀豆腐。三種硬度的豆腐裡，最軟的用來涼拌、直接生吃，跟台灣的嫩豆腐差不多。再來是台灣比較沒有的，中間硬度的豆腐，大多是煮泡菜鍋這種湯鍋料理，軟嫩但有一點點口感。最後是板豆腐，常常拿來煎或煮大醬湯，想要明顯的豆腐口感時使用，也有比台灣板豆腐更硬、粗的種類。

豆腐的各種切法：

1 豆腐片

大約 1.5 公分左右厚度的片狀。通常用來煎或煮泡菜鍋，因為泡菜是一片片的形狀，豆腐也切片的話比較方便夾取。可以吃到明顯的口感。

2 豆腐丁

先切成約 2 公分的厚片，再切成方塊丁。很適合用在大醬湯，因為裡頭的蔬菜也都是一塊一塊的，用湯匙就可以方便撈起來，一口吃到多種食材。

3 碎豆腐

把豆腐壓碎後，用在豆腐拌菠菜等涼拌菜裡。這樣做的話可以保留豆腐的香氣和味道，口感和直接吃不一樣，會像醬料般和蔬菜完整包裹在一起。

4 用湯匙挖塊

常常用在豆腐鍋還有其他鍋物中，因為切面比較不規則、有很多面，可以讓味道更容易吸進去。

CHAPTER 8

燉煮小菜

조림 반찬

麻藥雞蛋 冷

마약 계란 mayag gyelan

這道菜韓國最近很流行，把雞蛋煮好後泡到醬汁裡冷藏 1-2 天，入味就可以吃了，相當營養、簡單又方便。

為什麼叫麻藥雞蛋呢？因為吃過一次之後就像上癮了一樣，讓人想接著再吃停不下來。這道菜是用滾煮過後的雞蛋剝殼後浸泡醬料入味，跟溏心蛋類似，但是加了蔥、蒜、辣椒、白芝麻，所以多了很多香氣。

由於可以一次做很多顆，又能夠自己決定喜歡的熟度，在韓國流行了起來，成為新一代的「白飯小偷」。不論你是喜歡全熟的蛋黃，接近凝結的蛋黃，或是半熟蛋，都可以運用這個醬汁。我的食譜教的是我喜歡的接近凝結的蛋黃 yo ～

製作時間　15 分鐘，泡入醬汁 1-2 天上色後可食用
保存期限　5 天
最佳嘗鮮期　1-2 天內

主要食材

雞蛋 10 顆

煮蛋的調味料

水 2000g
海鹽 20g
白醋 20g

醬　汁

醬油 200g
水 200g
白砂糖 80g
玉米糖漿（或麥芽糖）80g
洋蔥 100g _ 切碎末
綠辣椒 1 根 _ 切末
紅辣椒 1 根 _ 切末
蔥花 30g
蒜末 20g
白芝麻粒 10g
芝麻油 10g

作　法

1 **雞蛋從冰箱取出後，放在室溫下約 1 個小時。**

POINTS 常溫的蛋比較容易掌控煮的時間和熟度，也比較不會裂開。如果用冰的蛋，要調整煮的時間 yo。

2 **起一滾水鍋加入醋與鹽後，放入雞蛋，一邊時不時翻動雞蛋**，一邊中火煮 7 分鐘。

POINTS 注意水量要蓋過雞蛋，而且要在水滾後再放入雞蛋。過程中要常常翻動雞蛋，才能讓蛋黃固定在中間。在煮蛋的水裡加鹽跟醋，也可以幫助蛋白凝結，藉此固定住蛋黃位置。

3 整鍋煮好的雞蛋放在水龍頭下沖水，待其冷卻後去殼。

4 洋蔥、紅綠辣椒皆切碎末後，把所有醬汁材料拌勻。

5 將去殼的水煮蛋放在醬汁中醃泡、封好保鮮膜後，**放入冰箱冷藏至少 12 小時才能入味，建議放 1-2 天更好**。（如圖 A）

POINTS 記得每隔 12 小時翻動一下蛋，讓所有表面都能醃泡到醬汁，均勻上色。

★ 雞蛋最好是用沒有冷藏的室溫蛋，這個食譜是使用放在室溫 1-2 小時回溫後的冷藏蛋。如果是用冰箱直接拿出來的蛋，滾煮的分鐘數會不一樣。

★ 喜歡吃蛋黃更生一點的朋友，就縮短煮蛋的時間；喜歡全熟的，就拉長煮蛋的時間。大家可依自己的喜好做選擇。

★ 麻藥雞蛋可以放在白飯上面，剖開後半熟的蛋黃會流出來，拌飯非常好吃。

★ 剩下來的醬汁可以留下來炒菜、拌飯或是沾水餃。

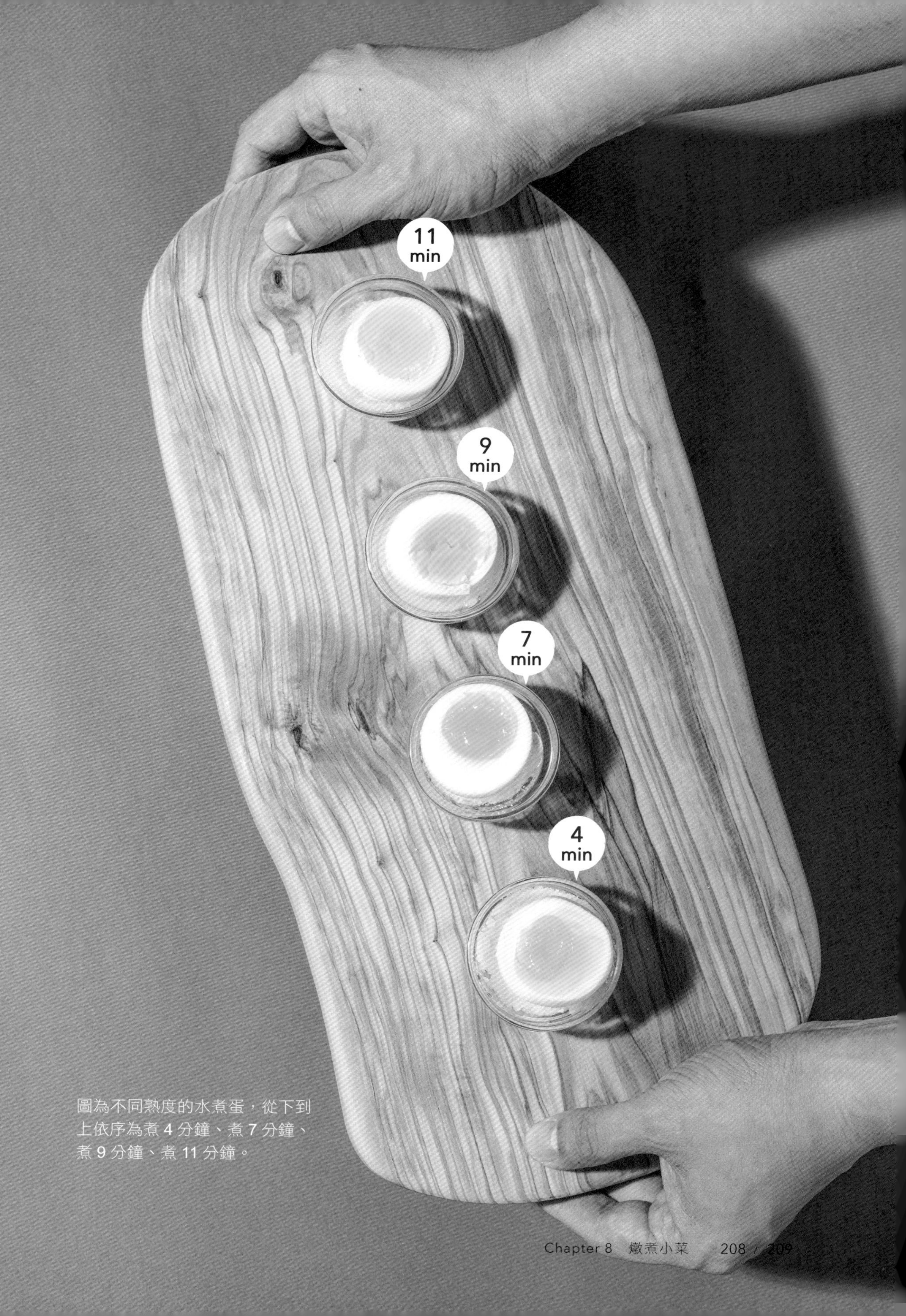

圖為不同熟度的水煮蛋，從下到上依序為煮 4 分鐘、煮 7 分鐘、煮 9 分鐘、煮 11 分鐘。

醬煮鵪鶉蛋馬鈴薯 冷

製作時間 30 分鐘
保存期限 5 天
最佳嘗鮮期 3 天

감자 메추리 알 조림 gamja mechuli al jolim

燉馬鈴薯類的小菜還有醬油類的小菜在亞洲人的餐桌特別受歡迎。我遇到過很多台灣人喜歡跟我點這道菜。在我小的時候，務農的爺爺也有種植馬鈴薯，每到收成的時候，有些馬鈴薯長得比較小顆、不好賣，家裡就會拿這些馬鈴薯做這道小菜來吃。以前吃的食材很簡單，所以後來我做這道小菜的時候會多加一些鵪鶉蛋，多一些 Q 彈與香氣，還加了蒟蒻增添營養與口感，讓這道小菜更有特色。

主要食材

馬鈴薯（小顆）200g

TIPS：在韓國我們會用小顆的馬鈴薯，口感 Q，又不用切塊，一口一顆剛好。如果沒買到，用一般馬鈴薯也可以，切成適口大小。

鵪鶉蛋 20 顆

TIPS：也可以買已經煮好的鵪鶉蛋，可省略步驟 1。

蒟蒻 100g
綠辣椒 1 根 _ 切小段
紅辣椒 1 根 _ 切小段
鹽 2-3g（搓蒟蒻用）

汆燙蒟蒻的醋水

水 300g
白醋 30g

醬　汁

醬油 80g
ABC 醬油 15g（可以省略，但醬油量多 20g）

TIPS：ABC 醬油的顏色比較深，可以讓料理增色，如果沒有的話也可以用老抽，或是省略。

白砂糖 30g
味醂 15g
水 350g
昆布 5g
整顆蒜仁 30g
玉米糖漿 20g

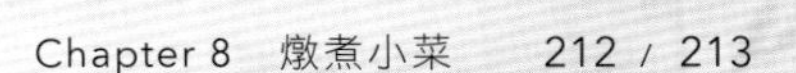

作　法

1 起一滾水鍋，將鵪鶉蛋煮 4-5 分鐘後，放在冷水中冷卻後去蛋殼。

2 在蒟蒻表面切菱形紋路後，切成適口大小，**再撒鹽搓一搓後靜置 3-5 分鐘，待其出水後擠乾**。（如圖 A、B、C）

POINTS 用鹽讓水分出來可以減少蒟蒻裡面的異味。

3 **起一鍋 300g 的滾水，加入醋，汆燙蒟蒻 2-3 分鐘後，在冷水下洗 2-3 次至沒有刺鼻的異味**。（如圖 D）

POINTS 用醋水滾煮一下，可以讓蒟蒻裡頭不太好聞的氣味去除得更乾淨。

4 馬鈴薯切小塊，紅、綠辣椒切小段備用。

5 起鍋熱油，將玉米糖漿以外的醬汁全部混合後，與鵪鶉蛋、蒟蒻、馬鈴薯一起煮 10 分鐘。（如圖 E）

6 再加入紅、綠辣椒煮 3-5 分鐘直到醬汁收汁達七成左右，食材已明顯上色。（如圖 F）

7 最後加入玉米糖漿煮約 1-2 分鐘即完成，可以放至冰箱冷藏一晚更加入味。

A 將蒟蒻的兩面都劃上菱形刀紋，更容易入味。

B 再將蒟蒻切成約一口大小的方塊狀。

C 蒟蒻用鹽搓一搓後，靜置出水，可消除異味。

D 再將蒟蒻放在醋水中，徹底去除不好的味道。

E 將鵪鶉蛋、蒟蒻、馬鈴薯與醬汁燉煮入味。

F 持續煮到快收汁為止，再加入玉米糖漿即可。

醬煮牛肉 冷 熱

소고기 장조림 sogogi jangjolim

牛肉有很多的部位，每一個部位的肉質、口感跟味道都不一樣，所以烹飪方法、適合的料理也都不同。

做這道小菜的時候，牛肉部位的選擇很重要，因為做好後會放在冰箱冷藏過後繼續吃，油脂太多的話吃起來很膩，所以，常用來做牛排的柔軟部位不適合，反而選用牛肩、牛臀或是後腿肉這類價格相對便宜的部位比較好吃，因為這些都是牛高運動量的部位，比較低油脂。煮好的牛肉，韓國人會用手撕的方式，而不是用刀子切，這樣子撕開的不規則剖面會讓醬汁更容易入味。

製作時間 60 分鐘
保存期限 5 天
最佳嘗鮮期 3 天

主要食材

牛肋條（後腿肉）300g
蒜仁 30g
香菇 30g
綠辣椒 2 根 _ 切小段
紅辣椒 1 根 _ 切小段
鵪鶉蛋 100g
（已煮好的，自由選用）
白芝麻粒 3g

醬 汁

水 300g
薑片 30g
昆布 3g
白砂糖 50g
醬油 100g
米酒 50g
黑胡椒 2g
老抽 少許
（調色用）

作 法

1. 將牛肉切大塊，**起一滾水鍋，汆燙牛肉約 5 分鐘**後，再以清水沖洗瀝乾備用。

   POINTS 牛肉燙完再洗，可去除腥味。如果是品質好的高級牛肉，就不需要這樣做。

2. 混合所有醬汁的材料備用。
3. 香菇切下蒂頭，傘面劃＊字花紋。紅、綠辣椒切小段備用。
4. 鍋中加入牛肉、蒜仁、香菇（連同蒂頭）、醬汁，一起煮 30-40 分鐘至整塊牛肉變軟。
5. 將牛肉取出放涼後用手撕成一口大小（也可以用刀切），再放回醬汁中。（如圖 A）
6. 接著加入鵪鶉蛋以及紅、綠辣椒，再滾煮 2-3 分鐘。起鍋盛盤，撒上白芝麻粒即可。

A 煮軟的牛肉順著紋路，用手撕成一口大小。

豬肉燉馬鈴薯 冷 熱

돼지고기 감자 조림
dwaejigogi gamja jolim

我的爺爺是農民，跟我爸爸一樣，以前我放學後都要在田裡面幫忙。在二三十年前，農業的技術還沒有那麼發達，馬鈴薯的大小不容易控制，不夠美觀、太小顆的馬鈴薯因為賣不掉，我們就會搜集起來做成小菜。

這道菜就是我小時候的記憶。我的阿姨會在煮的時候拿出一大片豬肉，看到豬肉大家就會非常期待，加上奶奶用心燉煮顧火，把馬鈴薯煮到入味甜美，搭配海苔、泡菜等其他小菜、白飯，對家境不好的我們來說，看起來一桌非常豐富。

由於小的馬鈴薯皮薄，所以這道料理的馬鈴薯不會去皮，這樣可以讓它燉煮的時間更久，在過程中不會破裂，這道菜的馬鈴薯要越完整越好。當然，如果小顆的馬鈴薯不是那麼好取得，也可以用一般馬鈴薯做，但這時候就要切小 yo。

製作時間 40 分鐘
保存期限 5 天
最佳嘗鮮期 3 天

主要食材

豬肩肉 500g
馬鈴薯（小顆） 250g
紅蘿蔔 100g _ 切塊
洋蔥 100g _ 切片
綠辣椒 3 根 _ 切小段
紅辣椒 3 根 _ 切小段
蔥花 20g
綜合堅果 40g _ 切碎
芝麻油 10g
白芝麻粒 5g
料理油 20g

醬　汁

水 600g
醬油 50g
味醂 50g
玉米糖漿 25g
白砂糖 20g
整顆蒜仁 20g _ 壓扁
薑片 20g
黑胡椒粉 3g

作　法

1 豬肉切成 3 公分的方塊狀，**如果不是小顆馬鈴薯要切塊**，紅蘿蔔去皮切塊，洋蔥去皮切片，紅綠辣椒切小段，綜合堅果切碎備用。

POINTS 馬鈴薯不用去皮，洗乾淨就好。如果是小顆馬鈴薯不用切，大顆馬鈴薯的話要切成好入口的塊狀。

2 將所有醬汁的材料混合備用。

3 起鍋熱油，**以大火將豬肉煎至表面金黃上色後，加入馬鈴薯、紅蘿蔔、洋蔥、醬汁，一起燉煮約 30 分鐘至收汁到剩四分之一**。

POINTS 豬肉下鍋後，不要一直翻動，變色後稍微翻面即可。燉煮的時候也不要一直翻動鍋內的食材，減少食材破裂的可能。滾煮中途如果需要翻動，可以將鍋鏟從最底部輕輕翻動馬鈴薯。

4 確認豬肉跟馬鈴薯都煮熟變軟，洋蔥也炒到變透明後，加入紅綠辣椒、綜合堅果、蔥花拌炒均勻。

5 起鍋盛盤，淋上芝麻油點香，再撒上白芝麻粒即可。

韓國小菜雖然不是大菜，但是對於台灣人來說也很容易做，食材容易取得。我很喜歡教大家這些方便準備、能夠很輕鬆動手做的菜，這也是我做 YouTuber 的原因。不然主廚等級的五星大菜，不是大家天天能做的。做菜最重要的是開心，希望大家都能跟著我一起開心料理 yo ！

醬煮秋刀魚 熱

생선 조림 saengseon jolim

製作時間 30 分鐘
保存期限 3 天
最佳嘗鮮期 1-2 天

辣醬燉煮秋刀魚是韓國家庭常常煮的一道下飯料理。秋刀魚肉多又適合久煮，我都會把蘿蔔或是馬鈴薯切片後放在鍋子的底端，讓醬汁還有美味能夠被底部適合久煮的蔬菜吸附，如果喜歡吃豆腐也可以加一些板豆腐。

這道菜是家常料理中最有營養價值的小菜之一，在韓國還有很多品牌做成即食包與罐頭來販賣。這道菜有點類似燉煮鯖魚，但是魚本身的肉質不一樣，味道也不一樣。

主要食材

秋刀魚 300g

TIPS：用白帶魚做也好吃，也可用鯖魚、西班牙鯖魚或刀魚等來製作。

白蘿蔔 150g _ 切扇形厚片
洋蔥 100g _ 切大塊
青蔥 20g _ 切長段
蔥花 少許
綠辣椒 1 根 _ 斜切片
紅辣椒 1 根 _ 斜切片
芝麻油 10g
水 300g

醬　汁

韓國粗辣椒粉 15g
韓國辣椒醬 20g
韓國味噌 20g
醬油 20g
白砂糖 20g
蒜末 15g
薑片 15g
米酒 50g

作　法

1 將秋刀魚去除內臟後洗淨，切成三等分備用。（如圖 A）

2 白蘿蔔去皮切扇形厚片，洋蔥切大塊，蔥切長段，紅綠辣椒切片備用。

3 取所有醬汁材料混合備用。

4 **將白蘿蔔、洋蔥放鍋底，魚放在最上面**，再把混合好的醬汁淋上去後，加入青蔥段、水，以大火燉煮。

POINTS 讓白蘿蔔在底下，完整吸附醬汁和魚肉的鮮味。

5 第一次滾煮約 2 分鐘後，將火轉至中火，續煮到醬汁減少至三分之一左右。

6 最後加入芝麻油、蔥花、紅綠辣椒片煮約 1 分鐘即完成。

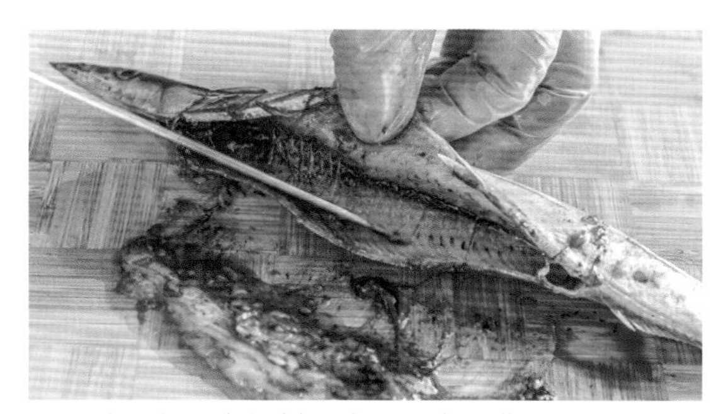

A 秋刀魚從腹部劃開後，除掉內臟並刮除骨頭邊的血水，才不會有苦味。

鯷魚燒豆腐 冷 熱

멸치 두부 조림

myeolchi dubu jolim

板豆腐是很適合跟肉類還有海鮮一起燉煮的食材，但是燉煮的溫度與時間很重要，如果溫度不夠、時間太短或是太長，都會影響到它的味道。燉煮豆腐時可以先用大火，再轉中小火來燉煮，當降溫的同時，醬料也容易吸附與入味。這邊使用的是小的鯷魚乾，和豆腐一起燉煮增添鮮味。

製作時間 30 分鐘
保存期限 3 天
最佳嘗鮮期 1-2 天內

主要食材

板豆腐 250g
小鯷魚乾 35g
昆布 3g
乾香菇 40g _ 泡水，切小丁
洋蔥 60g _ 切小丁
紅辣椒 1 根 _ 切圓片
水 300g
料理油 20g

醬　汁

醬油 35g
韓國辣椒醬 15g
韓國粗辣椒粉 10g
米酒 50g
蒜末 15g
玉米糖漿 20g
白砂糖 15g

裝　飾

蔥花 20g
白芝麻粒 5g
芝麻油 10g

作　法

1. 板豆腐切厚片，洋蔥切小丁，紅辣椒切圓片。取乾香菇泡入 300g 的水中約 30 分鐘後切細丁，香菇水留著備用。
2. **鯷魚乾用乾鍋煸香 2-3 分鐘後，以篩網過濾掉細粉**。
   POINTS 小魚乾的細粉容易燒焦變苦，先濾掉可以避免苦味。
3. 取所有醬汁材料混合備用。
4. 起鍋熱油，把豆腐煎到兩面上色、香氣出來後，再依序放入鯷魚乾、昆布、香菇丁、洋蔥丁、紅辣椒片，然後倒入香菇水與醬汁，燉煮約 5-6 分鐘直到食材上色入味。（如圖 A、B）
   POINTS 讓豆腐墊在最底下，醬汁與香菇水的量必須蓋過豆腐，才會燉煮得均勻入味。
5. 最後撒上蔥花、白芝麻粒，淋上芝麻油即完成。

A

B

牛蒡
醬燒花生 冷

우엉 땅콩 조림 ueong ttangkong jolim

牛蒡的纖維結構很紮實，就算久煮也不會散掉或變形，跟花生的味道很搭。在韓國，這道菜很常用來當便當菜，因為放久放涼後一樣好吃，而且也不會出水影響到味道或是變質。吃素的人只要不放蒜苗，也可以當成一道素食的小菜 yo。

製作時間 30 分鐘
保存期限 5 天
最佳嘗鮮期 3 天

主要食材

牛蒡 200g _ 切片
花生米 250g
TIPS：如果買到沒烘烤過的，要先用烤箱烘烤 20 分鐘。
蒜苗 80g _ 切小段（可省略）
料理油 20g
芝麻油 10g
白芝麻粒 3g

醋 水

水 300g
白醋 30g

醬 汁

醬油 30g
玉米糖漿 40g
白砂糖 15g
水 100g

作 法

1. 牛蒡用削皮器去皮後，切成 0.3 公分厚度的斜片。
2. **將牛蒡放入醋水中煮約 2 分鐘**取出，再用清水洗 1-2 次後瀝乾。
   POINTS 牛蒡泡醋水可以避免澀味和變色，這邊牛蒡切得比較厚，改用煮的加強效果。
3. 起鍋熱油，翻炒花生約 2 分鐘，直到花生的油脂被逼出來，表面油亮。
4. 再加入牛蒡、醬汁材料，一起煮到醬汁快收乾前，加入蒜苗、白芝麻粒、芝麻油，炒勻即完成。

醬煮黑豆 冷

콩 조림 kongjolim

韓國的醬煮黑豆比較有嚼勁且硬，跟日本的燉煮黑豆的鬆軟口感不一樣。韓國人比較喜歡有口感的菜色。這道菜也算是韓國便當菜常見的料理，因為可以存放的時間比較久，食材也很簡單，而且黑豆有豐富的營養，成為韓國人常常製作的小菜之一。

製作時間 30 分鐘
保存期限 5 天
最佳嘗鮮期 3 天內

主要食材

黑豆 200g
水 1kg
白砂糖 60g
醬油 70g
玉米糖漿 20g
白芝麻粒 5g

作 法

1. 黑豆泡水 6 小時以上。
2. 將黑豆與糖、冷水一起放入鍋中，以小火燜煮 30 分鐘。
3. 再加入醬油燉煮，**煮到快收汁前，把黑豆移到鍋邊，鍋子稍微傾斜讓火候集中煮醬汁，一邊把醬汁反覆澆淋到黑豆上**，持續這個動作直到幾乎收汁為止。（如圖 A）
   POINTS 最後收汁前的動作很重要，把煮到焦糖化的醬汁反覆淋在黑豆上，黑豆會吸附濃郁的焦糖香。注意動作要快且維持小火，以免燒焦。
4. 最後加入玉米糖漿翻炒約 1 分鐘，起鍋盛盤，撒上白芝麻粒即可。

A 將含糖的醬汁煮到出現焦糖香氣，把醬汁反覆澆淋在黑豆上，持續 **2-3** 分鐘直到醬汁幾乎收乾。

GOOD DAY

辣燉雞腳 熱

닭발 볶음 dalgbal bokk-eum

這道菜其實不算家庭小菜，是在喝酒的地方才會出現的配菜，和酒類的飲料很對味。韓國的超市裡都會賣去骨的雞爪，但台灣不好買，需要跟市場攤商特別預定，請老闆先處理好。所以我這次改用帶骨雞爪來教大家這道菜。

製作時間 40 分鐘
保存期限 3 天
最佳嘗鮮期 1-2 天內

主要食材

雞爪 600g
青蔥 30g _ 切粗蔥花
白芝麻粒 3g
芝麻油 10g
牛奶 200g
料理油 20g

氽燙雞爪的水

水 1500g
米酒 100g
黑胡椒粉 3g

醬　汁

醬油 25g
韓國粗辣椒粉 15g
韓國辣椒醬 25g
玉米糖漿 25g
蒜末 8g
薑末 8g
黑胡椒粉 1g
水 50g

作　法

1. **將雞爪泡在牛奶裡約 30 分鐘**後，用水洗淨。
   POINTS 用牛奶浸泡可以去除雞爪裡的腥味等不好的味道。
2. 將氽燙雞爪的水煮滾後，放入洗淨的雞爪，煮約 30 分鐘。
3. 煮過的雞爪放在冷水中洗 2-3 次。
4. 混合所有醬汁材料後，加入雞爪拌勻。
5. 起鍋熱油，先炒香一半蔥花至少 30 秒。
6. 再加入雞爪及醬汁，一起煨炒至完全收汁。
7. 最後加入剩下的蔥花、白芝麻粒、芝麻油一起翻拌後即可盛盤。

這個辣醬用烤的也很好吃，醃過的雞爪拿來烤更美味，中秋節烤肉時你們可以試試看。

醬燒蓮藕 冷

연근 조림 yeongeun jolim

製作時間 30 分鐘
保存期限 5 天
最佳嘗鮮期 3 天內

主要食材

蓮藕 250g
白醋 30g
芝麻油 10g
白芝麻粒 適量

醬 汁

水 200g
醬油 80g
白砂糖 50g
玉米糖漿 20g

作 法

1 蓮藕削皮、切片後，下滾水鍋，加入白醋煮 2-3 分鐘後瀝水冷卻備用。

2 熱鍋後放入蓮藕、水、醬油、 白砂糖，煮約 10 分鐘至收汁。

3 過程中要讓醬汁煮到焦糖化，散發出焦糖香氣，蓮藕表面裹附光亮色澤後，加入玉米糖漿翻炒收汁。

4 起鍋前加入芝麻油翻炒約 1 分鐘，再撒上白芝麻即可。

醬煮南瓜 冷

製作時間 30 分鐘
保存期限 5 天
最佳嘗鮮期 3 天內

단호박 조림 danhobag jolim

主要食材

栗子南瓜 200g　烤過的杏仁片 10g
料理油 20g　蜂蜜 10g

醬　汁

醬油 15g　味醂 8g
蜂蜜 8g　水 100g
白砂糖 5g

作　法

1 南瓜洗淨後帶皮切成船形狀，再把頭尾切掉備用。
2 混合所有醬汁的材料備用。
3 起鍋熱油，放入南瓜煎至兩面金黃上色。
4 再加入醬汁，燉煮至完全收汁並確認南瓜煮熟。
5 最後加入蜂蜜、杏仁片翻拌後即可盛盤。

KAI心 TIPS

將蜂蜜改為果糖就可以當素食的料理。

CHAPTER

9

清蒸小菜

찜 반찬

辣味清蒸糯米椒 冷

꽈리고추 찜 kkwaligochu jjim

這道小菜蒸的時間很重要，不要蒸過頭了會太軟，因為還是需要有一點口感。這道菜是我的姊姊告訴我的，她也很常做這道小菜給我吃，我很喜歡。你們可以選擇辣的綠辣椒，或是不辣的糯米椒來做這道菜。

製作時間 30 分鐘
保存期限 3 天
最佳嘗鮮期 2 天內

主要食材

糯米椒 10 根

裹　粉

麵粉 100g
水 少許

調味料

蔥末 10g
蒜末 5g
醬油 50g
韓式粗辣椒粉 5g
玉米糖漿 20g
芝麻油 5g
白芝麻粒 10g

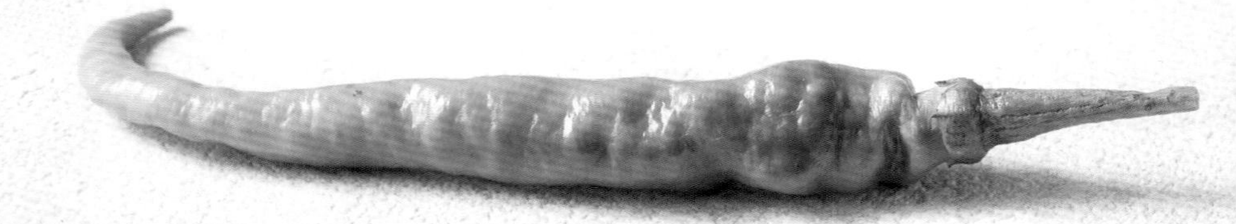

作　法

1 將糯米椒的蒂頭切掉後清洗並擦乾，**用少許水在外層裹上一層麵粉**，再放入電鍋蒸 5 分鐘。（如圖 A）
POINTS 糯米椒上的麵粉薄薄一層就好，多餘的麵粉要拍一拍，再拿去蒸，避免粉裹太厚而影響口感。

2 除了芝麻油與白芝麻粒之外，所有的調味料混合均勻。

3 將蒸過的糯米椒與調味料拌勻後，淋上芝麻油、撒上白芝麻即完成。

A 蒸好的糯米椒上會有薄薄一層麵皮。

牛絞肉蒸茄子

冷 熱

소고기 가지찜 sogogi gajijjim

製作時間 40 分鐘
保存期限 3 天
最佳嘗鮮期 1-2 天內

茄子一般大家都會用烤的或是炸的方式來處理，但這道菜反而注重茄子柔軟的口感，利用蒸的方式讓它吸飽肉的美味。在韓國這道小菜比較少見，因為需要花點時間燉煮讓茄子軟化、入味，但其實只要利用台灣家裡都有的電鍋，就可以很方便製作 yo。

主要食材

茄子 200g
牛絞肉 150g
昆布 3g
麵粉 5g（茄子抹粉用）

醃肉醬汁

洋蔥 25g _ 切細丁
麵粉 5g
黑胡椒粉 1g

調味料

蒜末 10g
韓國大醬 20g
味醂 15g
韓國辣椒醬 10g
芝麻油 10g
白砂糖 5g
水 30g

裝　飾

綠辣椒 2 根 _ 斜切薄片
紅辣椒 1 根 _ 斜切薄片
蔥花 15g
白芝麻粒 3g
芝麻油 10g

作　法

1 茄子分切成適當長度後，於每段茄子的三分之二處切十字刀。（如圖 A、B、C）

2 牛絞肉加入醃肉醬汁抓醃一下。

3 撐開茄子的開口，在內部抹一些麵粉，再把醃過的牛絞肉塞入茄子中。（如圖 D、E、F）

4 將調味料攪拌均勻後，淋到塞好牛絞肉的茄子上。

5 將牛絞肉茄子、昆布放入電鍋中一起蒸 7-8 分鐘。

6 蒸好後淋上芝麻油、撒上白芝麻、蔥花和辣椒片即完成。

A 將茄子先切成長段。

B 在茄子的三分之二位置先切一刀，轉 90 度再切一刀。

C 將茄子撐開，即形成一個十字開口。

D 在茄子內部均勻抹上一點麵粉，讓牛絞肉能更容易被茄子包裹住。

E 把醃過的牛絞肉從十字開口塞進茄子裡。

F 塞好牛絞肉後的茄子。

韓式造型蒸蛋 冷

製作時間　30 分鐘
保存期限　3 天
最佳嘗鮮期　1-2 天內

야채 계란찜 yachae gyelanjjim

小時候奶奶會直接將打好的蛋液放在碗中蒸出來給我們吃，這是最簡單的作法。我在《正韓食》書籍中有介紹用陶鍋製作的韓式蒸蛋，那種在餐廳比較常見，家裡的話，大部分就是做這種基礎的款式。

我通常是用刀切成方形，現在也有很多人會用模具來變化蒸蛋的造型，讓它們看起來更美味。但是記得，小菜的原則是越簡單越好，不必做得跟藝術品一樣，好吃最重要！

主要食材

雞蛋 5 顆
青蔥 30g _ 切細蔥花
紅蘿蔔 30g _ 切碎丁
紅辣椒 1 根 _ 切碎丁
綠辣椒 1 根 _ 切碎丁
高湯 100g

TIPS：製作香菇魚乾高湯的方法：準備乾香菇 5g、小魚乾 4-6 隻、昆布 2g，加水 100g，煮沸 15 分鐘後濾出，待冷卻即可使用。

調味料

醬油 10g
魚露 5g
芝麻油 10g

作　法

1. **將雞蛋、高湯、調味料一起拌勻後，用篩網過濾。**
   POINTS 蛋液過濾後質地會比較細緻，蒸好後口感滑順。
2. 再加入所有切成細丁的蔬菜混合。
3. 放入容器中，進電鍋蒸 10-12 分鐘即完成。
4. 自行選擇用喜歡的模具，或是用刀切做出造型。

辣醬 蒸蛤蜊  

製作時間 30 分鐘
保存期限 3 天
最佳嘗鮮期 1-2 天內

꼬막 찜 kkomag jjim

泥蚶（血蚶）跟台灣的蛤蜊有點像，但是肉質比較飽滿跟有口感，是冬天盛產的海鮮，在每年的 12 月到隔年 3 月，如果你去韓國，這道菜就會是當地的季節性小菜之一。韓國全羅南道的벌교읍（筏橋邑）就是盛產這個泥蚶的地方，也有以這個食材為主的定食，算是比較貴的小菜食材。

在台灣的話，你可以用蛤蜊取代，不要煮過頭導致肉質變太老太硬就好。除了這個食譜的作法外，也有人是直接沾韓國的醋辣醬食用。

主要食材

蛤蜊 500g

鹽　水

水 1000g
海鹽 30g

醬　料

蔥花 10g
蒜末 10g
綠辣椒末 10g
紅辣椒末 10g
醬油 30g
韓國粗辣椒粉 10g
味醂 15g
白砂糖 15g
芝麻油 10g
白芝麻粒 5g

作　法

1. 將蛤蜊洗淨後放入鹽水裡，並用黑布蓋住 4-6 小時，使其完全吐沙，再將完成吐沙的蛤蜊洗乾淨。
2. 取蛤蜊、水 100ml（材料分量外）放入鍋中煮 2-3 分鐘，煮至全部開殼時立刻撈起。
3. 用開水洗煮熟開殼的蛤蜊，使肉質能保持 QQ 口感。
4. **取煮蛤蜊的滾水 50g 加入所有醬料的材料**，混合均勻。

   POINTS 用來煮蛤蜊的滾水留有蛤蜊本身的鮮甜，所以不要浪費了，加入醬料一起拌，會更有滋味。
5. 最後將蛤蜊與醬料拌醃即完成。

台灣廣廈國際出版集團
Taiwan Mansion International Group

國家圖書館出版品預行編目（CIP）資料

正韓小菜：五星韓廚的道地韓國小菜！從開胃泡菜到麻藥雞蛋，65道零失敗偷飯料理 / 孫榮Kai Son著. -- 初版. -- 新北市：台灣廣廈, 2021.10
面； 公分.
ISBN 978-986-130-505-9
1.食譜 2.烹飪 3.韓國

427.132　　110012239

正韓小菜

五星韓廚的道地韓國小菜！從開胃泡菜到麻藥雞蛋，65道零失敗偷飯料理

作　　者／孫榮Kai Son
攝　　影／Hand in Hand Photodesign
璞真奕睿影像
插　　畫／銀河小組工作室
製作協力／璟綻傳媒有限公司
文字協力／妙麗

編輯中心編輯長／張秀環
執行編輯／許秀妃・蔡沐晨
封面設計／曾詩涵
內頁排版／菩薩蠻數位文化有限公司
製版・印刷・裝訂／東豪・弼聖・秉成

行企研發中心總監／陳冠蒨
媒體公關組／陳柔彣
綜合業務組／何欣穎

線上學習中心總監／陳冠蒨
產品企製組／黃雅鈴

發　行　人／江媛珍
法律顧問／第一國際法律事務所 余淑杏律師・北辰著作權事務所 蕭雄淋律師
出　　版／台灣廣廈
發　　行／台灣廣廈有聲圖書有限公司
地址：新北市235中和區中山路二段359巷7號2樓
電話：（886）2-2225-5777・傳真：（886）2-2225-8052

代理印務・全球總經銷／知遠文化事業有限公司
地址：新北市222深坑區北深路三段155巷25號5樓
電話：（886）2-2664-8800・傳真：（886）2-2664-8801
郵政劃撥／劃撥帳號：18836722
劃撥戶名：知遠文化事業有限公司（※單次購書金額未達1000元，請另付70元郵資。）

■出版日期：2021年10月
ISBN：978-986-130-505-9

■初版8刷：2022年12月